磷脂酶D的特性分析及分子改造

基于*Bacillus cereus* ZY12菌株的系统探索

赵 雨◎著

LINZHIMEI D DE TEXING FENXI JI FENZI GAIZAO

JIYU *Bacillus cereus* ZY12 JUNZHU DE XITONG TANSUO

中国纺织出版社有限公司

内 容 提 要

本书从 *Bacillus cereus* ZY12 磷脂酶 D 产酶特性与催化作用、*Bacillus cereus* ZY12 磷脂酶 D 基因克隆及功能验证、HKD 活性区域的分子改造对 *Bacillus cereus* ZY12 磷脂酶 D 催化活性的影响以及 *Bacillus cereus* ZY12 磷脂酶 D 基因融合及磷脂酰丝氨酸合成工艺的研究四部分出发，通过对 *Bacillus cereus* ZY12 产磷脂酶 D 的特性分析及该酶的分子改造研究，进而酶催化生成食品添加剂磷脂酰丝氨酸，详细分析了影响磷脂酶 D 产量及活性的因素，并通过基因克隆、分子改造等手段，实现了磷脂酶 D 的大量表达，最终实现磷脂酰丝氨酸的生成。

本书可作为酶生产、酶催化等相关领域指导用书，也可供相关课题研究者学习参考。

图书在版编目（CIP）数据

磷脂酶 D 的特性分析及分子改造：基于 Bacillus cereus ZY12 菌株的系统探索 / 赵雨著. -- 北京：中国纺织出版社有限公司，2025. 8. -- ISBN 978-7-5229-2630-8

Ⅰ. Q556

中国国家版本馆 CIP 数据核字第 202555LZ01 号

责任编辑：罗晓莉　国　帅　　责任校对：寇晨晨
责任印制：王艳丽

中国纺织出版社有限公司出版发行
地址：北京市朝阳区百子湾东里 A407 号楼　邮政编码：100124
销售电话：010—67004422　传真：010—87155801
http://www.c-textilep.com
中国纺织出版社天猫旗舰店
官方微博 http://weibo.com/2119887771
三河市宏盛印务有限公司印刷　各地新华书店经销
2025 年 8 月第 1 版第 1 次印刷
开本：710×1000　1/16　印张：8.25
字数：108 千字　定价：98.00 元

前　言

随着人口老龄化现象的不断加剧以及工作压力导致的亚健康问题变得日渐普遍，越来越多的老年及中年人群面临着如阿尔茨海默病、抑郁症等疾病的困扰。针对这些疾病，近年来人们研发了多种治疗药物，但由于这类疾病涉及遗传、神经生化、神经内分泌以及神经再生等多个方面的生物学因素，因此药物治疗的效果并不是特别的理想。相关医学研究表明，饮食和认知之间具有重要的关联性，磷脂酰丝氨酸是一类脂溶性食品添加剂，因其易通过血脑屏障，可长期性、高效性的改善由于脂类物质缺乏造成的脑损伤病症，而受到广泛关注。因此，如何制备品质高、价格低的磷脂酰丝氨酸产品成为目前的研究重点。通过提取法、化学合成法、微生物发酵法和酶转化法均可获得磷脂酰丝氨酸。但提取法在操作过程中会用到多种有机溶剂，同时由于动物疾病的不断出现而存在食品安全问题；化学合成法存在反应步骤复杂、环境污染严重、经济造价高昂等多种问题，这两种方法已逐渐被市场淘汰。微生物发酵法和酶转化法因其环境友好、生产步骤简单等优势逐渐成为一种具有广泛前景的绿色生产技术。无论微生物发酵法或酶转化法，其原理均是以天然卵磷脂作为底物，加入 L-丝氨酸后，在磷脂酶 D 的作用下，生成磷脂酰丝氨酸。磷脂酶 D 是磷脂酰丝氨酸生物合成的关键，因此，高活性磷脂酶 D 的获得便显得至关重要。如何获得高活性磷脂酶 D 正是本书的主要研究内容。本书共 6 章，分别为第 1 章绪论，第 2 章 *Bacillus cereus* ZY12 磷脂酶 D 产酶特性与催化作用，第 3 章 *Bacillus cereus* ZY12 磷脂酶 D 基因克隆及功能验证，第 4 章 HKD 活性区域的分子改造对 *Bacillus cereus* ZY12 磷脂酶 D 催化活性的影响，第 5 章 *Bacillus cereus* ZY12 磷脂酶 D 基因融合及磷脂酰丝氨酸合成工艺的研究，第 6 章结论与展望。

本书的出版受黑龙江博士后科学基金（LBH-Z21043）、齐齐哈尔大学教育教学改革研究项目（GJSPYB202402）的资助。在从事微生物发酵及其关键基因分子改造的十余年研究工作中，大连工业大学张春枝教授一直给予著者悉心的教诲与无私的帮助，在本文撰写过程中，张老师也提出了宝贵的修改意见。张老师是著者学术的启蒙人，正是由于张老师的指导与支持，才让著者发现了科研工作的乐趣，使著者有信心、有兴趣的去发现并解释一些科学问题。

本书主要反映了著者的一些成果和观点，难免有片面甚至错漏之处，欢迎读者批评指正。

著者
2025 年 6 月

目　　录

第1章　绪　论

随着人口老龄化现象的不断加剧以及工作压力导致的亚健康问题日渐普遍，越来越多的老年及中年人群面临着如阿尔茨海默病、抑郁症等疾病的困扰。针对这些疾病，近年来人们研发了多种相应的治疗药物，但由于这一类疾病涉及遗传、神经生化、神经内分泌以及神经再生等多个方面的生物学因素，因此药物治疗的效果并不是特别理想。1997 年，国际性人脑计划（Hunman Brain Project，HBP）在美国正式启动，目的是提高人类对大脑的了解并预计在神经系统疾病的预防和治疗方面取得突破。通过 HBP 项目的实施，近年来开发出多种能够治疗包括帕金森病、阿尔茨海默病以及抑郁症和精神分裂症等多种神经系统疾病的新疗法。HBP 项目的启动取得了许多重要的研究成果，但由于神经系统疾病的复杂性使得人们对这些疾病的认识仍存在许多未知。

由于这类疾病发病率高且治愈率低，因此如何预防该类疾病的发生便成为了学术界以及医疗界一个新的研究热点。随着全球化、工业化进程，人们的生活环境和饮食习惯发生了巨大的变化。这些变化中的不良因素导致人体出现了许多疾病，其中多种维生素、矿物质和脂质体的缺乏，是患病的重要诱因。医学研究表明，大脑的结构、功能与人们的日常饮食紧密相关，同时实验数据直接显示饮食和认知之间具有重要的关联性，尤其是各种神经元改变后引发的疾病，如精神分裂、记忆力下降、孤独症以及抑郁症等都与大脑脂质成分（主要是磷脂类物质）的变化有着重要的关联。

为实现饮食的营养均衡从而有效预防这类疾病的发生，在日常饮食中摄入适当的补充剂或在食品中添加有针对性的食品添加剂便显得尤为重要。前期的研究工作表明，磷脂酰丝氨酸（phosphatidylserine，PS）作为一种脂溶性食品添加剂，更容易通过血脑屏障，直接作用于脑细胞膜上，可以长期、高效地改善由于脂类物质缺乏造成的脑损伤病症。在日常饮食中，尤其是老年人，补充磷脂酰丝氨酸可以增加脑突触的数量、增强脑细胞的活动性、加速脑细胞的葡萄糖代谢率，从而使脑细胞更活跃，实现对阿尔茨海默病以及抑郁症等神经性疾病的预防及辅助治疗。2006 年 10 月磷脂酰丝氨酸通过美国食品药品监督管理局（Food and Drug Administration，FDA）公认安全认定，磷脂酰丝氨酸可作为营养强化成分添加在酸奶、奶粉、面包、粉末饮料等多种食品中。2010 年 10 月 21 日磷脂酰丝氨酸被原中国卫生部（现更名为中华人民共和国国家卫生健康委员会）添加到新资源食品目录中，允许其作为新资源食品。

由于磷脂酰丝氨酸具有重要的医疗保健功能，因此如何制备品质高、价格低的磷脂酰丝氨酸产品是目前的研究重点。通过化学方法直接从植物细胞或动物磷脂中获得磷脂酰丝氨酸的方法具有一定的应用局限性。如提取法会用到多种有机溶剂，不仅会造成严重的环境污染，还会使产物磷脂酰丝氨酸中残留有机溶剂，在食用过程中产生毒副作用。同时，近年来由于动物疾病的不断出现，目前从动物中提取磷脂酰丝氨酸的方法已基本被淘汰。而利用组织、细胞或生物体产生的酶作为催化剂来实现特定物质的转化具有无污染、无毒害、低能耗等特点，并可通过微生物或酶作为催化剂，实现能源、化学品、材料等物质的大规模生产。生物转化法中有机催化剂形式种类繁多，包括从多种微生物、动植物的细胞及其他生物体中获得的酶类。生物转化法的本质是生物体完成特定催化反应中关键酶的应用。随着生物转化研究的深入，大量相关酶类的应用及其催化反应的研究被广泛报道并应用于实际生产。生物转化法能够克服化学合成中反应步骤复杂、环境污染严重、经济造价高昂等多种问题，逐渐成为一种具有广泛应用前景的绿色生产技术。综上所述，通过生物转化法合成磷脂酰丝氨酸是目前被认为最合适的生产方法，其中包括微生物发酵以及酶转化两种不同的手段。其原理是以天然卵磷脂作为底物，加入 L-丝氨酸后，在磷脂酶

D（phospholipase D，PLD）的作用下，生成磷脂酰丝氨酸。磷脂酶 D 是磷脂酰丝氨酸生物转化的关键，因此高活性磷脂酶 D 的获得便显得至关重要。

获得磷脂酶 D 的方法大致分为两种，第一种方法是指直接从植物或动物组织中提取，并通过分离纯化获得磷脂酶 D。由于植物组织中磷脂酶 D 含量高，易于提取和纯化，因此其相关研究最为广泛。到目前为止，人们已经从菠菜、卷心菜、黄瓜、西蓝花、羽衣甘蓝、番茄、甜菜、香瓜、棉花种子、大米、粟米、大豆、苎麻、花生、草莓、葡萄、烟草、海带、拟南芥等植物中发现并提取了磷脂酶 D。1991 年，国内首次在大豆中获得具有活性的植物磷脂酶 D，并初步研究了大豆磷脂酶 D 的主要酶学特征。由于植物中磷脂酶 D 含量高、易提取，因此直接从植物中提取磷脂酶 D 更容易实现。而在动物组织中，大多数磷脂酶 D 是膜结合酶，少数是液泡酶，其中膜结合酶难以从细胞中提取，因此直接从动物组织中提取磷脂酶 D 的难度较大，无法进行大规模的工业化生产；第二种方法是指通过发酵、蛋白纯化等方法，在产酶微生物中获得磷脂酶 D。与动植物来源的磷脂酶 D 相比，微生物磷脂酶 D 因其具有更好的转磷脂能力和更广泛的底物特异性而受到广泛关注。

自 20 世纪 70 年代以来，许多国外学者一直在研究和开发微生物磷脂酶 D，迄今为止报道的能够产生磷脂酶 D 的微生物主要有链霉菌、不动杆菌、棒状杆菌、假单胞菌、大肠杆菌和沙门氏菌等，其中链霉菌产生的磷脂酶 D 活性最高。利用筛选到的产酶微生物发酵生产磷脂酶 D 的技术目前也较为成熟，且能够通过基因重组的方法获得高产磷脂酶 D 的菌株。目前产酶效果突出的菌株包括：链霉菌 PMF、抗生链霉菌、链霉菌 PM43、链霉菌 TH-2 以及链霉菌 CS-57 等。1995 年，YugoI-wasaki 首次实现了磷脂酶 D 基因在大肠杆菌中的异源表达，最终获得磷脂酶 D 的产量为 3 mg/L（发酵液）；2003 年，Carlo Zambonelli 将链霉菌磷脂酶 D 基因与载体 pET27b 连接，并在大肠杆菌中表达，最终产率为 0.5 mg/L（发酵液）；

Giacomo Carrea 等从链霉菌中分离出两株产磷脂酶 D 的菌株，即链霉菌 PMF 和链霉菌 PM43；Tairo Hagishita 等在不同来源土样中筛选出约 6000 株菌株，其中有 20 株具有磷脂酶 D 活性，其中活性较高的 8 株菌株均为放线菌；2007 年，Jaya Ram Simkhada 等从土壤中筛选到一株高磷脂酶 D 活性的链霉菌，命名为 CS-57，利用该菌株发酵后的培养液进行纯化，获得了高活性的磷脂酶 D。国外对于磷脂酶 D 的研究主要集中在两个方面，除高效表达获得酶制剂外，主要是对磷脂酶 D 蛋白结构方面的研究。研究成果表明，磷脂酶 D 具有两个活性保守区域，这两个活性区域形成一个桶状结构，氨基酸序列为 $HX_1KX_4DX_6G$，其中 X 为任意氨基酸，H 和 D 为催化反应的关键氨基酸，H 具有亲核作用使质子处于分离状态，D 能够帮助分离出的质子快速分离。这两个活性区域在微生物、动物、植物中均广泛存在。同时研究表明磷脂酶 D 的 N 端氨基酸序列相对不保守，其功能与调控磷脂酶 D 的表达有关；C 端氨基酸序列保守，与催化活性有关。

国内对微生物磷脂酶 D 的研究起步较晚，杨治彪等通过紫外诱变获得了一株具有高磷脂酶 D 产量的链霉菌，酶活比原始菌株提高了 27%；师文静等优化了链霉菌产磷脂酶 D 的发酵条件，并纯化获得磷脂酶 D；赵彭花等利用共价及聚集交联技术将磷脂酶 D 进行了固定化处理，并对其催化活性进行了研究；2008 年，胡博新等将八丈岛链霉菌 SIPI 产生的磷脂酶 D406 进行了分离纯化及酶学性质的研究；2007 年，李斌等将褐色链霉菌（*Streptomyces chronofuscus*）的磷脂酶 D 基因与表达载体 pET22b 连接，在大肠杆菌中实现高效表达，并通过镍柱对磷脂酶 D 进行了分离纯化；2013 年，代书玲等筛选出一株产磷脂酶 D 的芽孢杆菌；2013 年，胡飞等筛选到一株产磷脂酶 D 的苍白杆菌，经条件优化最终酶活力达到 83.5 U/mg；2014 年，刘一涵等通过在毕赤酵母膜上表达链霉菌属磷脂酶 D，实现生物途径的酶固定化，使磷脂酶 D 可以在生物转化过程中重复使用；2016 年张小里教授团队通过利用不同无机材料，增加磷脂酶 D 在两项体系中的转化率，实现了磷脂酶 D 与无机材料的催化结合；2017 年毛祥召等筛选到了一株不动杆菌，能够产生转酯活性 100%的磷脂酶 D。

通过分析磷脂酶 D 国内外的研究进展不难发现，尽管研究起步较早，截至目前依然没有实现应用磷脂酶 D 生物转化合成磷脂酰丝氨酸的大规模工业化生产。近年来，人们对自然界含量较少的磷脂化合物的需求，尤其是对磷脂酰丝氨酸需求的不断提升，使利用生物法生成磷脂化合物得到了极大的关注。尽管对磷脂酶 D 的研究获得了重要的进展，但作为产业化应用还远远达不到市场的需求。从磷脂酶 D 生产角度来看，目前存在的问题主要包括：①磷脂酶 D 虽然广泛存在于动物、植物和微生物中，但含量低，分离和纯化过程复杂，导致磷脂酶 D 价格过高，很难用于工业化生产；②磷脂酶 D 的生物活性一般不高，导致酶催化效率低下，无论采用发酵法还是生物转化法进行磷脂酰丝氨酸的生产，效果都不理想。

目前，通过自然选育获得的产磷脂酶 D 菌株，活性较高的均为链霉菌，因此在菌株筛选中，普遍采用筛选链霉菌的方法。研究结果显示在链霉菌属中，磷脂酶 D 的表达不需要培养过程中特定物质的诱导，而是随着菌体的生长，磷脂酶 D 即会自然表达并分泌到细胞外。在碳氮源为蛋白胨、葡萄糖、酵母浸粉、玉米浆的培养基中发酵 2 d，无须额外添加任何诱导物，培养基上清液中即可检测到磷脂酶 D 活性。通过对培养基中几种常用碳氮源及金属离子，添加种类及数量的优化，就能够提高磷脂酶 D 的产量及活性。目前尚无研究表明，培养基中某种物质的添加与链霉菌磷脂酶 D 的产生存在任何相关性。目前报道的所有产磷脂酶 D 微生物，均具有这一特性，说明在这些微生物中，生长环境的变化对磷脂酶 D 产生的影响不显著。

由于链霉菌在多种产磷脂酶 D 的微生物中活性最好，关注度最高，因此在自然选育中，多沿用产磷脂酶 D 的链霉菌的筛选方法，即在平板筛选培养基中添加蛋黄或大豆卵磷脂，通过观察固体培养基中透明圈的产生，筛选产酶微生物，并将产生透明圈的菌株在液体培养基中发酵后，检测磷脂酶 D 活性。通过这种方法，能够筛选到具有磷脂酶 D 活性的产酶菌株。

但由于微生物具有极强的适应性及能量节约性，进而在不同生存环境下，所产生的酶在种类、产量上存在显著的差异。因为在正常生长条件下，不是微生物生长所必需的酶类，通常处于不表达或低水平表达的状态，只有在特殊的极端环境中，这些酶在胁迫状态下才会大量产生，使微生物能够在此环境下得以生存。如果某些微生物中磷脂酶 D 属于这类需特殊物质诱导才能表达的类型，应用以往的方法进行筛选，将会遗漏掉大量需经诱导才能表现酶活的菌株。因此，优化菌株的筛选条件，是避免错失具有高活性磷脂酶 D 菌株的重要条件。

1.1 磷脂酶种类及特性

磷脂酶是一类具有磷脂水解功能的酶，它在植物油脱胶、食品工业、乳品加工工业、蛋黄酱加工工业等领域具有重要的应用价值。根据磷脂酶对底物磷脂的作用位点不同，可分为五大类（图 1-1）：磷脂酶 A_1（phospholipase A_1），磷脂酶 A_2（phospholipase A_2），磷脂酶 B（phospholipase B），磷脂酶 C（phospholipase C）以及磷脂酶 D（phospholipase D）。

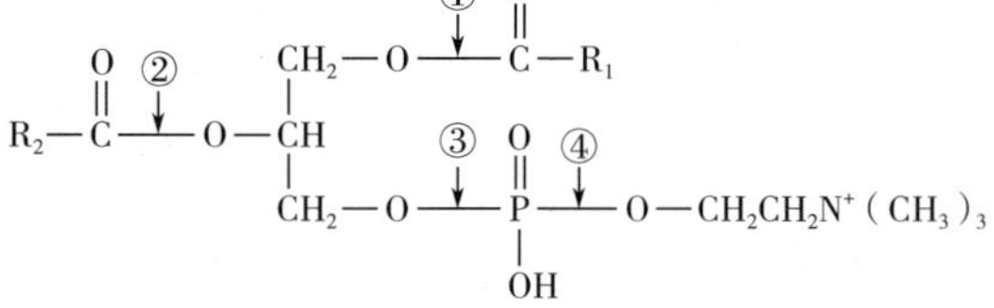

图 1-1　不同磷脂酶作用位点

①—磷脂酶 A_1　②—磷脂酶 A_2　①、②—磷脂酶 B　③—磷脂酶 C　④—磷脂酶 D

磷脂酶 A_1 水解磷脂 1 号位酰基，生成 2-酰基溶血性磷脂。2-酰基溶血性磷脂的 2 号位脂肪酸可转移至 1 号位并被磷脂酶 A_1 继续水解，因此部分磷脂可被磷脂酶 A_1 完全水解。磷脂酶 A_1 底物专一性不强，除自身活性外，还具有磷脂酶 A_2 的活性。磷脂酶 A_1 分布在动物的各器官、植物的根茎及产酶微生物中。磷脂酶 A_2 可水解磷脂 2 号位酰基，能够在脂水界面形成微胶团，增加酶与底物表面的结合，最终将磷脂水解。磷脂酶 A_2 具有特殊生理活性，主要存在于蛇毒、蜂毒及某些有毒性的动植物细胞中。磷脂酶 B 能够分别在磷脂的 1 和 2 号位水解酯键，其主要分布于点青霉、草分枝杆菌等微生物中，以及动物的胰脏、小肠和植物大麦中。多数磷脂酶 B 与细胞壁结合，难以分离和提取。磷脂酶 C 可水解磷脂 3 号位的磷酯键，产生两种更简单的脂类，其广泛分布于植物、动物和微生物中。目前发现的磷脂酶 C 有 20 多种，分子结构差别较大，不同来源的磷脂酶 C 在催化机理上也存在较大差异。磷脂酶 D 可水解磷脂的 4 号位酯键，产物为磷脂酸和羟基类化合物，除水解活性外还具有合成活性。目前研究发现磷脂酶 D 广泛存在于动物的肝脏和脑组织、植物的根和种子以及产酶微生物中。

1.2 磷脂酶 D 种类及特性

磷脂酶 D 首先可以水解磷脂产生磷脂酸和羟基类化合物；其次催化其他羟基类化合物与磷脂的碱基结合，形成新的磷脂。磷脂酶 D 蛋白家族是一类酶的总称，这一家族的酶功能差别较大，但活性结构相似。原则上将含有两个 HKD 保守序列、可水解磷脂类物质，并能够产生新的磷脂类物质的酶类归为磷脂酶 D 蛋白家族。但在实际研究中发现，自然界中存在多种酶类能够水解磷脂类物质，并可以产生新的磷脂类物质，但不具有两个 HKD 保守序列，这类酶也被归为磷脂酶 D 蛋白家族。磷脂酶 D 蛋白家族中研究最多的酶包括：能够合成多种新型磷脂的磷脂酶 D、只能合成心磷脂的心磷脂合成酶、只能合成磷脂酰丝氨酸的磷脂酰丝氨酸合成酶等八大类酶。研究报道中提到的磷脂酶 D 不是磷脂酶 D 蛋白家族中的所有酶，而是指其中的一类可催化多种磷脂类底物产生新的磷脂类产物的酶。研究发现，大部分磷脂酶 D 都具有磷脂酰丝氨酸合成酶的功能，个别磷脂酶 D 具有心磷脂合成酶的功能。磷脂酶 D 蛋白结构在不同生物中差异较大，其中动物和微生物中磷脂酶 D 保守性较高，而植物中磷脂酶 D 种类最多，保守性较低。

1.2.1 动物磷脂酶 D

动物磷脂酶 D 包含 6 种类型，分别为 $PLD_1 \sim PLD_6$。其中研究最多的为 PLD_1 和 PLD_2，这两种酶有 50%左右的序列相对保守，并在其 N 端存在一段可与 PX 和 PH 结合调控其活性的氨基酸序列。这两种动物磷脂酶 D 多存在于细胞内膜上，在动物细胞中的分布十分广泛，可与磷脂酸共同参与调控多个信号通路，包括调节囊泡的内吞、外排功能，影响细胞增殖、分裂，促进细胞中多种膜结构的重构等。其中磷脂酸通过激活 mTOR 参与细胞生存、生长和肿瘤扩散等活动，同时促进细胞迁移、自噬和肿瘤血管化。研究表明动物磷脂酶 D 能促进骨骼肌再生，而在磷脂酶 D 缺乏的情况下，神经退行性疾病和肥胖症的发病率有所增加。

1.2.2 植物磷脂酶 D

植物磷脂酶 D 包含 6 种类型、12 种亚型，分别为：$PLD\alpha_1$、$PLD\alpha_2$、$PLD\alpha_3$，$PLD\beta_1$、$PLD\beta_2$，$PLD\gamma_1$、$PLD\gamma_2$、$PLD\gamma_3$，PLDδ，PLDε，$PLD\zeta_1$、$PLD\zeta_2$。大多数植物磷脂酶 D 具有在 N 端与 Ca^{2+}结合的 C_2 区域，并通过与 Ca^{2+}结合来调控磷脂酶 D 活性。但拟南芥 PLDζ 与其他类型植物磷脂酶 D 不同，它不具有 C_2 结合区，其通过两个结合域 PX 和 PH 调节磷脂酶 D 活性。在植物中，磷脂酶 D 的分布非常广泛，并且在生长和代谢旺盛的组织中含量更丰富，例如种子成熟的早期阶段和幼苗萌发的早期阶段。植物磷脂酶 D 主要参与植物应对病原菌侵染、机械损伤及激素刺激等多种细胞应激反应，并与 Ca^{2+}结合共同参与脂质信号转导。

1.2.3 微生物磷脂酶 D

微生物磷脂酶D目前尚无详细分类。除一些与活性相关的必须结构域外，许多调控磷脂酶D表达及活性的序列均有不同程度的缺失（图1-2）。微生物磷脂酶D具有活性高和结构简单等特点，并与动植物磷脂酶D蛋白序列具有一定的同源性。同时微生物磷脂酶D的活性和蛋白空间结构的研究相对简单且具有代表性，所以目前对微生物磷脂酶D的研究受到了广泛的关注。

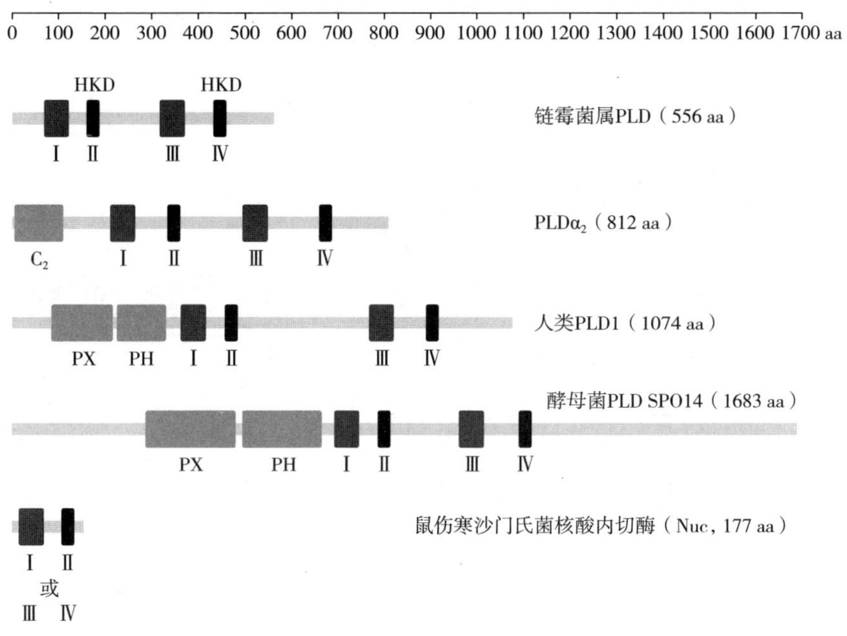

图1-2 不同磷脂酶D的活性结构

1.3 磷脂酶 D 分类依据

磷脂酰丝氨酸合成酶（phosphatidylserine synthase，PSS），是磷脂酶

D 蛋白家族中的一类酶的统称，广泛存在于生物体内，可以催化二核酸胞苷—甘油二酯（cytidine diphosphate-diacylglycerol，CDP-DAG）与丝氨酸结合生成磷脂酰丝氨酸（PS）。磷脂酰丝氨酸在细胞中很快被磷脂酰丝氨酸脱羧酶（phosphatidylserine decarboxylase，PSD）转化生成磷脂酰乙醇胺（phosphatidylethanolamine，PE），而 PE 是细胞膜的重要组成物质，细胞中如果 PE 合成受阻，会导致细胞无法正常生长，而 PE 主要依赖于 PS 脱羧后产生，因此 PS 的合成在生物体中至关重要，如图 1-3 所示。

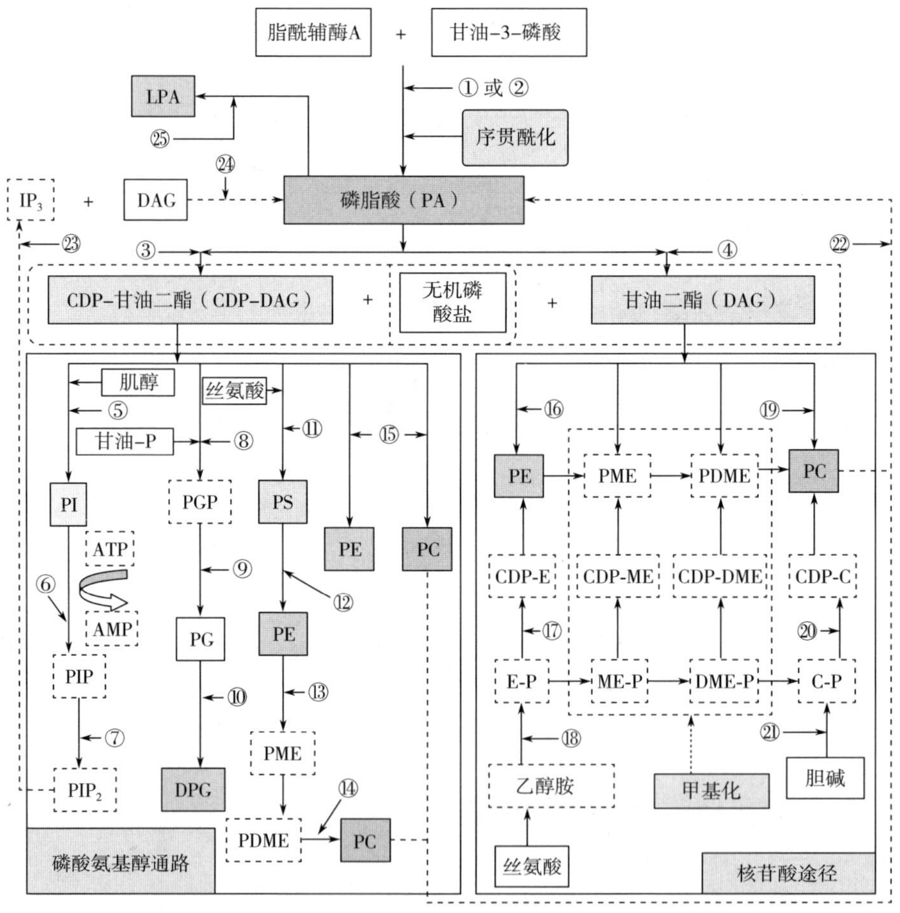

图 1-3 细胞中磷脂酶合成图

11—PSS 22—PLD 13—PSD

前期研究表明，为使细胞能够大量累积PS，将大肠杆菌中磷脂酰丝氨酸脱羧酶敲除，结果显示基因敲除后的菌株形态呈细丝状，说明该酶敲除后，影响PE的生成，导致细胞尽管能够生长，但分裂过程受阻，产生丝状细胞。而将枯草芽孢杆菌中磷脂酰丝氨酸脱羧酶敲除后，细胞生长正常，说明不同细胞对PE的依赖性存在差异。

磷脂酰丝氨酸合成酶与磷脂酶D均可催化磷脂类物质与丝氨酸合成磷脂酰丝氨酸，但两种酶作用的底物不同。由于磷脂酰丝氨酸合成酶唯一作用的底物CDP-DAG为一种稀少的磷脂，目前没有相关纯品的销售，因此以其作为底物生成磷脂酰丝氨酸很难实现。而磷脂酶D的作用底物为可以大量获得的卵磷脂，因此利用磷脂酶D的生物学活性来实现磷脂酰丝氨酸的生产在经济上是可行的。

在生物体中，磷脂酰丝氨酸合成酶大致分成两种类型，一种是细胞壁酶，它只能作用于底物CDP-DAG和丝氨酸合成磷脂酰丝氨酸。这类磷脂酰丝氨酸存在于枯草芽孢杆菌中，大小约为250个氨基酸。另一种类型是非细胞壁酶，一些存在于细胞质中，一些合成后被分泌至细胞外。这类磷脂酰丝氨酸合成酶属于磷脂酶D蛋白家族中的一类酶，可以以卵磷脂或CDP-DAG为底物，与丝氨酸通过转磷脂作用生成磷脂酰丝氨酸，在大肠杆菌中存在该类型磷脂酰丝氨酸合成酶，大小为450个氨基酸左右。经过对不同类型微生物基因组的研究发现，第二类磷脂酰丝氨酸合成酶在命名过程中存在一定分歧。由于其序列结构与PLD相似性极高，因此在没有其他磷脂酰丝氨酸合成酶存在的情况下，该序列被命名为磷脂酰丝氨酸合成酶。如果该细胞存在第一类细胞壁结合的磷脂酰丝氨酸合成酶，则第二类非细胞壁结合的磷脂酰丝氨酸合成酶被命名为磷脂酶D。如图1-4所示，磷脂酰丝氨酸合成酶与磷脂酶D之间没有明显区别，其氨基酸序列具有很高的相似性。虽然磷脂酰丝氨酸合成酶酶学编号EC 2.7.8.8与磷脂酶D酶学编号EC 3.1.4.4为不同酶类，但有些报道将其混淆，因此正确区分这两种酶，可以为其活性研究打下良好的基础。

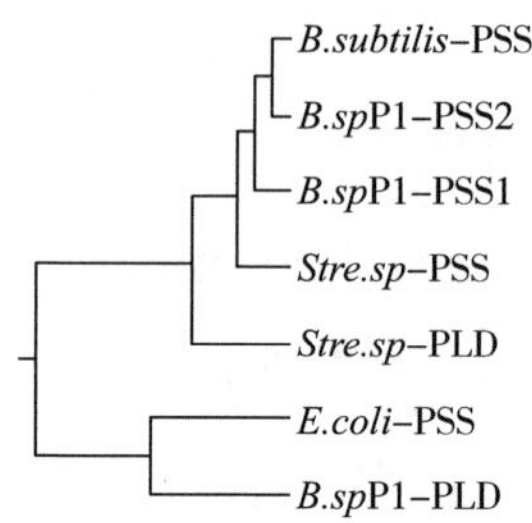

图 1-4　不同来源 PSS、PLD 相似性分析

1.4　磷脂酶 D 催化机理

磷脂酶 D 通过水解磷脂中的酯键，形成磷脂酸和羟基类化合物。除水解活性外，磷脂酶 D 还具有酯交换活性，并且能够利用多种羟基类化合物与磷脂中断裂后形成的碱基结合，形成新的磷脂。根据磷脂酶 D 的催化特性，能够利用多种磷脂如卵磷脂，通过转化活性，合成自然界中稀少的磷脂化合物，如磷脂酰丝氨酸（PS），反应式如图 1-5 所示。

磷脂酶 D 存在多个保守区域，其中 $HXKX_4D$（X 为任意氨基酸）简称 HKD 保守序列，其与活性关系最为紧密。在真核生物中，绝大多数磷脂酶 D 具有两个 HKD 保守序列，其中 N 端 HKD 保守序列作为亲核体与底物结合，使底物上的质子离去，C 端 HKD 保守序列主要负责保持磷脂酶 D 与底物形成复合物的稳定性，两个 HKD 保守序列只有形成特定空间结构才能保持酶活。研究发现，在原核生物中存在只具有一个 HKD 保守序列并具有酶活的磷脂酶 D。这种磷脂酶 D 通常通过两分子单体蛋白之间相互作用，形成同源二聚体，两个分子单体分别承担 HKD 保守序列催化作用中的单一功能，使同源二聚体具有磷脂酶 D 特定空间结构从而产生活性，如图 1-6（a）所示。但多数磷脂酶 D 具有两个 HKD 保守序列，通过单体产生活性，如图 1-6（b）所示。

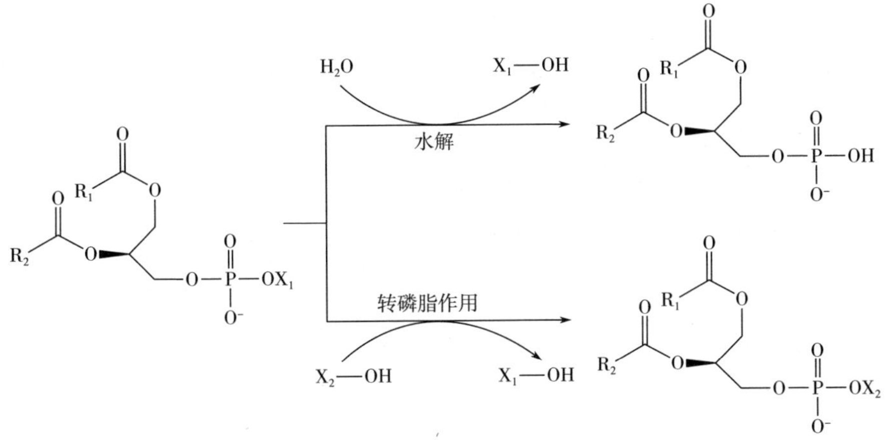

H_2O　$X_1—OH$

水解

转磷脂作用

$X_2—OH$　$X_1—OH$

（a）磷脂水解及转磷脂作用示意图

X_1：$—CH_2—CH_2—N^+(CH_3)_3$

PC

X_2：$—CH_2—CH(NH_3^+)—COO^+$

PS

（b）不同取代基生成产物示意图

图 1-5　磷脂水解及转磷脂作用示意图

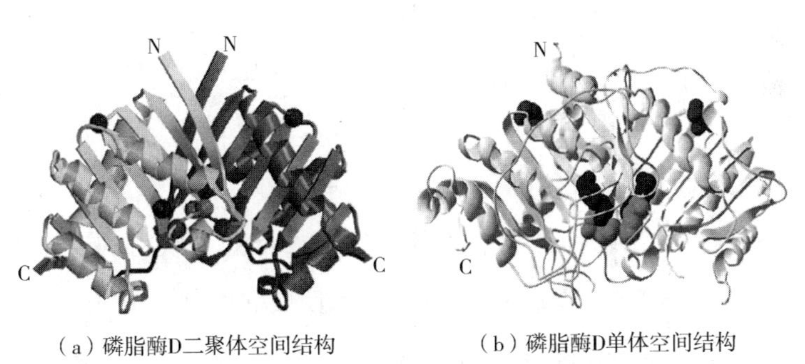

（a）磷脂酶D二聚体空间结构　（b）磷脂酶D单体空间结构

图 1-6　磷脂酶 D 活性立体结构

在分析磷脂酶 D 的晶体结构后，推测磷脂酶 D 合成活性反应机理如图 1-7 所示，催化所得的短链残基与底物之间的作用机制与共价键乒乓理论相一致。共价键乒乓理论的第一步要求在磷酸基团的 N 端存在亲核基团，与此同时，磷脂酶 D His448 提供的一个氢原子给底物磷脂，磷脂的头部接受这一电子后，产生 5 价磷酸盐。磷脂酶 D 的 N 端活性中心的组氨酸在水或乙醇中获得一个质子，随即释放一个 5 价的磷酸盐，因此通过转换便可产生磷酸或磷酸酯类物质。分析该模型，能够很好的解释为什么在磷脂转换反应中水或乙醇的存在能够竞争磷脂酰基，使反应向水解方向进行。磷脂酶 D 只有具备完整的蛋白结构和完整的 HKD 保守序列才能表现出酯交换活性。不同的磷脂酶 D 立体结构不同，两个 HKD 保守序列位置和间隔距离也不同，导致结合位点和催化效率差别较大。对白菜和罂粟中提取的磷脂酶 D 晶体结构的研究发现，改变某些氨基酸后，对磷脂酶 D 水解活性、合成活性都有着显著的影响。

在磷脂酶 D 催化反应过程中，第一步是形成磷脂酶 D-磷脂复合物，利用第一个 HKD 保守序列中的 H，通过亲核作用，作用在磷脂的磷原子上，如图 1-7 所示。Gottlin 等研究表明，磷脂酶 D 中的组氨酸残基实际上是通过共价催化后形成的亲核位点与底物之间的磷脂复合物。第二步通过水解酶反应体系中水分子或乙醇中存在的氢原子帮助质子离去。这两步机制解释了 HKD 保守序列中组氨酸（H）的重要性。其他报道显示，人类磷脂酶 D 中 Ser911 是反应中的亲核位点，其作用与第二个 HKD 保守序列中组氨酸（H）相近。这些研究表明，磷脂酶 D 中两个 HKD 保守序列中，第一个组氨酸残基在第一步反应中作为亲核位点进攻磷脂中的磷酸二酯键；第二个组氨酸残基与氢离子作用，使磷脂酶 D 质子化后与磷脂基团分开。Iwasaki 等研究了两种分别从小鼠头部和链霉菌中获得的磷脂酶 D，发现不同来源磷脂酶 D 在催化过程中两个 HKD 保守序列功能相近。

基于链霉菌 PMF 磷脂酶 D 的晶体结构分析，更进一步确定了第一个 HKD 活性区域中组氨酸残基可以作为亲核位点，进攻不同磷脂。Leiros 等研究表明两个 HKD 活性区域后存在的 Asp 也为反应必须的活性氨基酸（Asp202 和 Asp473）。这两个氨基酸与 HKD 活性区域中 His 能够形成强烈的氢键，有利于酶与底物结合后的快速分离。相应的 Asp473 能够与结合底物后磷脂酶 D 中的 His170 形成氢键，而 Asp202 与未结合底物的第二个活

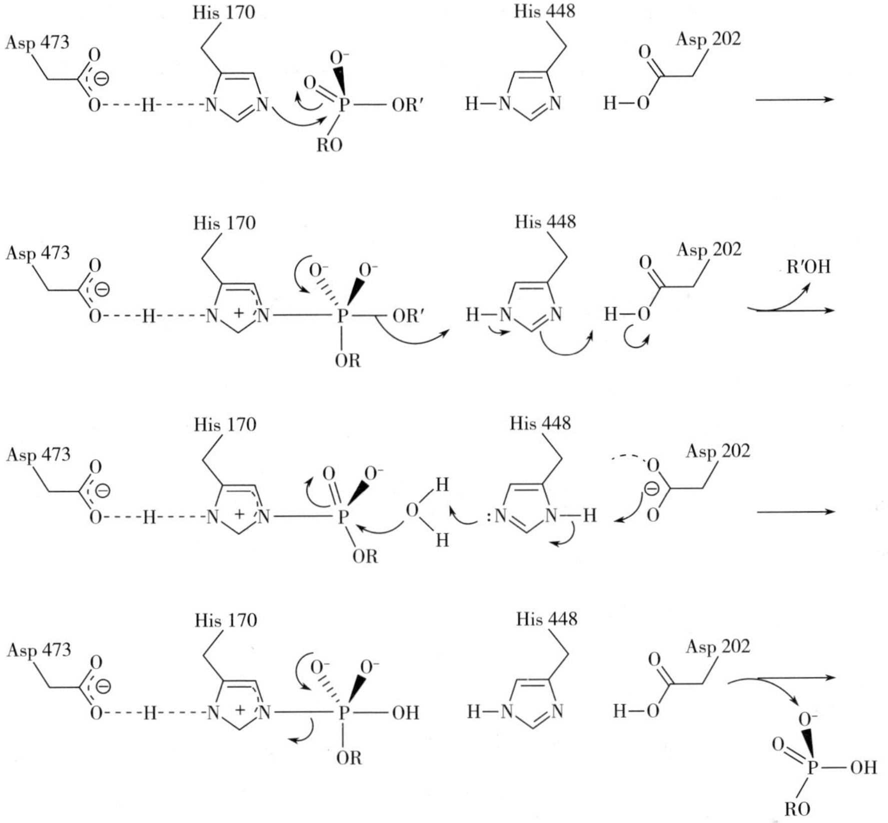

图1-7　磷脂酶反应机理

性区域中His448通过电子的传递相互结合。基于前期对磷脂酶D酶反应机制的研究，总结催化反应机理如下：

（1）第一个HKD保守序列中His170作为亲核位点，进攻磷脂中极性头部。第二个HKD保守序列中His443提供一个氢原子，使之前结合的酶—底物中间体分离。

（2）磷脂酶D和磷脂之间形成酶—底物中间体，并释放一个氢原子。

（3）水或乙醇中的氢原子，激活第二个HKD保守序列中His443攻击磷脂，形成新的磷脂或磷脂酸。

以上提到的HKD保守序列，在不同来源（动物、植物、微生物）的磷脂酶D中均相对保守，但也有部分微生物磷脂酶D不含有HKD保守序列，却具有磷脂酶 D 活性，如国内研究较多的褐色链霉菌磷脂酶 D。褐色链霉菌磷脂酶 D 不存在 HKD 保守序列，也不存在与 HKD 保守序列相近或不完整的催化序列，因此，这类酶是如何产生磷脂酶 D 的活性仍需进一步研究。

1.5　磷脂酶 D 催化反应的影响因素

影响磷脂酶 D 催化反应的因素有很多，如温度、pH、反应时间、有机溶剂、无机盐类型等。磷脂酶 D 水解反应和合成反应对催化条件有不同的要求，主要影响因素有以下五点。

1.5.1　温度和 pH

温度和 pH 对不同来源磷脂酶 D 的活性有不同的影响。反应温度低于酶的最适温度时，酶不能活化，处于休眠状态，导致催化效率低。当反应温度高于酶的最适温度时，酶的空间结构改变并失去活性。多数磷脂酶 D 在 25~40 ℃时酶活较好，少数植物来源磷脂酶 D 对温度耐受性较好，在 55~65 ℃时活性最高。

不同来源的磷脂酶 D 对催化反应体系的 pH 有不同的要求，如果溶剂的 pH 和等电点相同，磷脂酶 D 将迅速沉淀失去酶活。因此，不同来源的磷脂酶 D 的等电点不同，最适 pH 也不同。植物来源磷脂酶 D 的最适 pH 通常在 5~6，而微生物来源的磷脂酶 D 最适 pH 一般在 4~8。

水解反应与合成反应为可逆反应，当 pH 增大时，反应向水解反应方向进行。而在磷脂酶 D 实际应用中，水解反应被认为是副反应，因此在酶的最适范围内，选择较为酸性的环境更有利于合成反应的进行，进而促进磷脂类产物的积累。

1.5.2 无机盐

无机盐是磷脂酶D活性大小的重要影响因素。大量研究表明，二价金属离子对磷脂酶D的活性有着显著影响，而Ca^{2+}对其活性影响最为明显。在植物磷脂酶D中具有与Ca^{2+}特异性结合的区域，因此多数植物磷脂酶D为Ca^{2+}依赖型。Ca^{2+}与磷脂酶D结合后能够提高磷脂酶D活性，同时使其更耐高温，因此有些植物磷脂酶D的最适反应温度在55 ℃左右。除Ca^{2+}外，多种金属离子与磷脂酶D结合后也可调节磷脂酶D的生物学活性。前期研究结果表明，不同离子对磷脂酶D的影响强度如下所示：

$$Ca^{2+}>Ni^{2+}>CO^{2+}>Mg^{2+}=Mn^{2+}>N^{2+}>\text{其他二价金属离子}$$

1.5.3 基质的聚集状态

当磷脂浓度低于临界胶束浓度时，磷脂处于单体状态。当磷脂的浓度高于临界胶束浓度时，磷脂处于微胶团状态，而这种微胶团的产生更有利于磷脂酶D的催化活性。研究表明，通过表面活性剂的添加，能够使低浓度的磷脂呈混合胶束状态，进而提高磷脂酶D的催化活性。但通过表面活性剂的添加提高酶活，在实际生产中较少应用，主要原因是加大了后期产物的分离纯化难度。

1.5.4 水

前期通过对PMF磷脂酶D反应机理的研究，解释了反应体系中水或乙醇的存在如何影响反应的进程。过多水或醇的存在，会使水解反应的比例加大，最终导致合成产物的分解。通过热动力学平衡常数K_0，能够进一步计算出水对酶活的影响，如下所示：

$$K_0=[\text{酯}][a_w]/[\text{醇}]$$

1.5.5 有机溶剂

由于磷脂酶 D 主要的催化底物为磷脂类物质，而磷脂类物质水溶性较差，因此在反应过程中需要加入一些有机溶剂，增加底物溶解性。同时，由于有机溶剂对磷脂酶 D 的活性几乎没有影响，因此有机溶剂在反应体系中的添加可极大地提高反应效率。有研究表明有机溶剂与磷脂酶 D 之间也存在相互作用，当反应体系中有少量适宜有机溶剂时，磷脂酶 D 的稳定性增加，催化活性增强，因此有机溶剂的添加量和类型对酶催化反应有很大的影响。

1.6 磷脂酶 D 催化反应体系的比较

1.6.1 有机溶剂—水两相体系

磷脂酶 D 催化反应的底物卵磷脂、产物磷脂酰丝氨酸均为脂溶性物质，另一底物 L-丝氨酸为水溶性物质。因此为更好地提高磷脂酶 D 催化生成磷脂酰丝氨酸的反应效率，通常要将该反应在有机溶剂—水两相体系中进行。目前在磷脂酶 D 催化合成磷脂酰丝氨酸的反应过程中，两相体系转化法是研究最多、效果最好的反应体系，其优点是能够同时增加底物与产物的溶解性，转化率高，反应体系简单，适于大规模工业化生产。但两相体系生产磷脂酰丝氨酸会产生一些安全隐患，由于磷脂酰丝氨酸作为食品添加剂，而大量有机溶剂的残留，会对人体会产生毒副作用；同时，有机溶剂的大量使用，可能会造成较为严重的环境污染。

1.6.2 纯水均质体系

纯水均质体系是利用搅拌装置或均质化混匀设备，通过机械搅拌，使底物卵磷脂在反应体系中均匀分布，呈现乳浊液状态或胶质状态，进而提高底物卵磷脂及产物磷脂酰丝氨酸在纯水体系中的溶解度，完成磷脂酶D的催化反应。为加大底物卵磷脂的分散性，往往要加大水的用量，然而加大水的用量会使得磷脂酶D的催化反应更易向水解反应进行。但减小水的用量，就必须应用特殊的搅拌装置，导致生产成本的提高。Birichevskaya等研究发现，有机溶剂—水两相体系比纯水均质体系转化效果更好，两相体系中转化率为81%，纯水均质体系中转化率为24%。为提高酶在纯水均质体系中的转化效率，在纯水相中加入碳酸钙或硅胶等能够吸附卵磷脂的吸附载体是有效的解决手段。通过这些吸附载体的应用，磷脂酰丝氨酸转化率能够得到显著的提高。

与有机溶剂—水两相体系相比，纯水均质体系中由于不含有机溶剂，避免了产物被有机溶剂污染的可能。然而，在反应体系中加入过量的水后，导致卵磷脂和磷脂酰丝氨酸容易被磷脂酶D水解，使得产物磷脂酰丝氨酸含量减少，副产物磷脂酸含量增多。

1.6.3　亚临界流体体系

通过合成条件的优化，磷脂酶D在1，1，1，2-四氟乙烷这种亚临界流体中催化卵磷脂生成磷脂酰丝氨酸可实现89%的最终转化率。尽管亚临界流体反应体系具有可回收溶剂、绿色环保等优点，但由于卵磷脂在亚临界体系中溶解度较低（160 mg/L），同时亚临界流体反应装置复杂，制造成本较高，因此限制了该方法在实际生产中的应用。

1.7　磷脂酶D的活力检测方法

1.7.1　放射性同位素标记

放射性同位素标记法是利用放射性元素P_{32}为示踪剂对反应底物进行

标记，并在反应终止后，通过薄层色谱法分离含有 P_{32} 标记的不同产物。基于产物的放射性计算生成量，进而获得磷脂酶 D 的催化活性。放射性同位素标记法具有准确、重复性好等优点，但放射性同位素对人体及环境都具有潜在的威胁。同时对于放射性同位素的操作需进行特殊的培训，防护要求较高。磷脂酶 D 研究初期利用放射性同位素标记法检测产物的报道较多，但随着其他方法的出现，目前该方法已基本被淘汰。

1.7.2 高效液相色谱法

高效液相色谱法是利用极性不同的单一物质或混合溶液以及缓冲溶液等多种液体作为流动相，在高压输液系统作用下，进入固定相色谱柱中，不同物质与柱内的固定相结合能力不同，其在流动相中的分配系数也不同，进而导致检测物质随流动相依次进入检测器，从而实现检测物质的分离与鉴定。目前对于磷脂的分析通过正相色谱结合蒸发光散射检测器的应用较多，其具有精准度高、检测速度快、重复性好等优点，但对仪器要求较高，目前广泛应用于磷脂物质的检测。利用紫外检测器与蒸发光检测器相结合的方法检测效果更突出，基本的色谱条件为：色谱柱为 Liehrosorb Si 60，250 mm×4.0 mm×5 μm，柱温 30 ℃。流动相 A：正己烷和异丙醇（体积比为 3∶2）；流动相 B：正己烷、异丙醇和 25 mmol/L NH_4Ac（体积比为 120∶80∶11）；流动相 C：正己烷、异丙醇和水（体积比为 120∶80∶11），梯度洗脱。紫外检测器波长 205 nm。蒸发光散射检测器：温度 70 ℃，氮气气流速度为 1.8 L/min 。

1.7.3 酶联比色法

酶联比色法是利用磷脂酶 D 具有水解卵磷脂生成胆碱的催化活性，在胆碱氧化酶的作用下，将生成的胆碱继续催化生成 *N*-三甲基甘氨酸和过氧化氢。利用过氧化物酶可将过氧化氢和 4-氨基安替吡啉氧化成深粉红色化合物的催化活性，在 500 nm 处检测吸光值，并根据吸光值计算出磷脂酶

D 水解生成胆碱的量，进而以胆碱的量推算出磷脂酶 D 水解活性。其反应原理如图 1-8 所示。

磷脂酰胆碱 + H_2O $\xrightarrow{PLD}$ 磷脂酸 + 胆碱

胆碱 + $2O_2$ + H_2O $\xrightarrow{\text{胆碱氧化酶}}$ 甜菜碱 + $2H_2O_2$

$2H_2O_2$ + 4-氨基安替比林 + 苯酚 $\xrightarrow{\text{过氧化物酶}}$ 4-（对苯醌单亚氨基）-吩嗪 + $4H_2O$

4-（对苯醌单亚氨基）-吩嗪 + 醌亚胺染料 ⟶ 颜色反应（500 nm）

图 1-8 酶联比色法反应原理

1.7.4 Pp-NP 分光光度法

Pp-NP 分光光度法是利用磷脂酶 D 具有催化磷脂酰对硝基酚（卵磷脂类似物）水解形成磷脂酸和对硝基酚的特点，利用对硝基酚在波长 405 nm 处具有最大吸收峰的特点，通过检测 405 nm 处的吸光值，实现对磷脂酶 D 活性的检测。原理如图 1-9 所示。

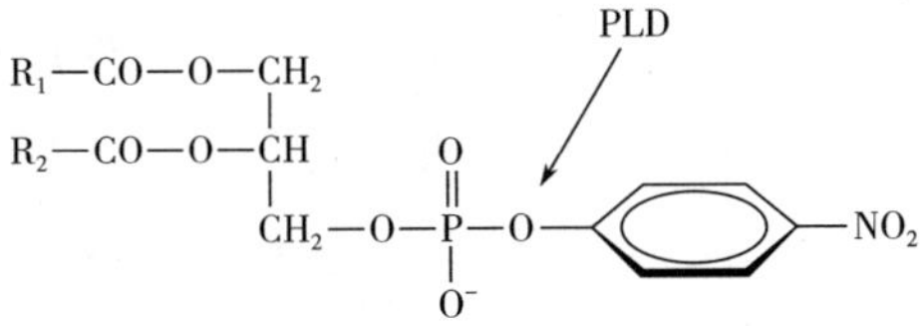

R_1—CO—O—CH_2
|
R_2—CO—O—CH
|
CH_2—O—P(=O)(O^-)—O—C_6H_4—NO_2

PLD（箭头指向 P—O 键）

图 1-9 Pp—NP 反应原理

1.7.5 固体显色法

固体显色法是利用磷脂酶 D 具有水解磷脂酰-2-萘酚生成磷脂酸和 2-萘酚的催化活性，使得产物 2-萘酚和重盐形成有色物质，通过对所形成的有色物质进行检测，进而获得磷脂酶 D 的催化活性。其反应原理如图 1-10 所示。

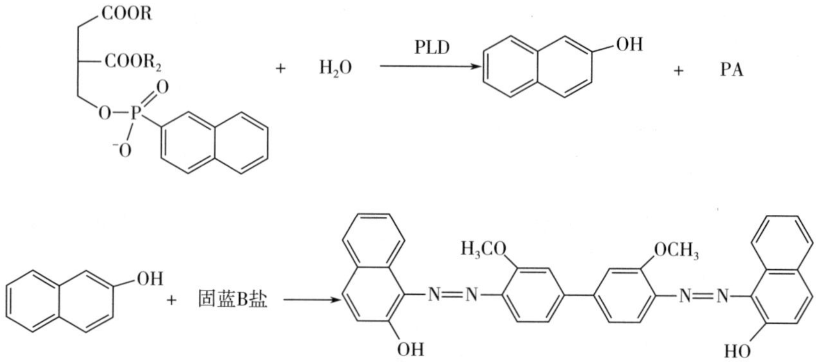

图 1-10 固体显色法反应原理

1.8 研究意义与内容

磷脂酶 D 是一类特殊的酯键水解酶，它能水解磷脂，并催化一些含羟基的化合物结合到磷脂的酰基上，形成新的磷脂，因此在工业上具有非常重要的应用价值。本研究筛选到一株具有磷脂酶 D 活性的 *Bacillus cereus* ZY12，不同于所有已报道的微生物磷脂酶 D，该酶的产生需要诱导物的诱导。

为进一步研究该磷脂酶 D 的独特性，将其在大肠杆菌中异源表达。通过序列分析发现在该序列中存在多种因素会影响其异源表达，并且与多数磷脂酶 D 序列有较大差异，这种差异会影响磷脂酶 D 的催化活性。通过对差异氨基酸的研究，锚定磷脂酶 D 活性依赖性氨基酸，为其他类磷脂酶 D 的研究提供理论基础。本书的研究内容为：

（1）*Bacillus cereus* ZY12 磷脂酶 D 产酶条件及发酵—转化条件优化。

（2）*Bacillus cereus* ZY12 磷脂酶 D 基因克隆及功能验证。

（3）*Bacillus cereus* ZY12 磷脂酶 D 催化形式及其 HKD 活性区域的分子改造对活性的影响。

（4）*Bacillus cereus* ZY12 磷脂酶 D 基因改造及磷脂酰丝氨酸合成工艺研究。

第 2 章　*Bacillus cereus* ZY12 磷脂酶 D 产酶特性与催化作用

研究菌株 *Bacillus cereus* ZY12 产磷脂酶 D 的影响因素，包括培养基成分（碳源、氮源、金属离子）、培养基 pH、培养温度、培养时间等，并确定最佳产酶条件。将菌株 *Bacillus cereus* ZY12 发酵产磷脂酶 D 与生物转化合成磷脂酰丝氨酸同步进行，通过反应过程中有机溶剂、吸附物质的选择，以及培养温度、培养基 pH 等条件的优化，确定最佳的转化条件。

2.1　实验材料

2.1.1　实验仪器与设备（表 2-1）

表 2-1　实验仪器与设备

仪器名称	生产商	型号
全自动高压灭菌锅	上海中安医疗器械有限公司	SYQ-DSX-280B
恒温培养箱	天津泰斯特仪器有限公司	WP25A
电子天平	上海海康电子仪器有限公司	JA230
pH 计	上海精密科学仪器有限公司	DELTA320
恒温干燥箱	上海一恒科学仪器有限公司	GRX-9053A
摇床	上海智诚分析仪器制造有限公司	ZHWY-2102C
分光光度计	上海元析仪器有限公司	UV-5100
高速离心机	上海安亭科学仪器有限公司	TGL-16G
4 ℃冷冻离心机	株式会社日立制造所	CR21G

续表

仪器名称	生产商	型号
无菌操作台	苏州安泰空气技术有限公司	SW-CJ
-20 ℃冰箱	河南新飞电器有限公司	BCD-252CKX
-80 ℃冰箱	松下电器有限公司	Panasonic
细胞超声破碎仪	宁波新芝科仪器有限公司	Jy99-2D

2.1.2 实验试剂（表 2-2）

表 2-2 实验试剂

试剂名称	生产商
磷酸二氢钠、氢氧化钠、氯化钠、无水乙醇	天津市科密欧化学试剂有限公司
EDTA	Aladdin
SDS、苯酚	Solarbio
结晶硫酸镁、氯化钙、磷酸二氢钾	天津市大茂化学试剂厂
蛋白胨、酵母浸粉、琼脂粉	北京奥博星生物技术有限责任公司
氢氧化钠	天津市科密欧化学试剂有限公司
三氯甲烷	天津市科密欧化学试剂有限公司
甲醇（色谱级）	湖北杜克化学科技有限公司
异丙醇	天津市博迪化工有限公司
超纯水	娃哈哈集团有限公司
Tris	生工生物工程（上海）股份有限公司
醋酸	Kermel

2.1.3 实验菌株

本章节实验菌株为 *Bacillus cereus* ZY12，由实验室筛选、保藏。

2.1.4 培养基和试剂的配制

LB 培养基（g/L）：蛋白胨 10，NaCl 5，酵母浸粉 5，调至 pH 7.0。

蛋黄培养基 1 L（g/L）：蛋黄 20，NaCl 3，$MgSO_4 \cdot 7H_2O$ 0.5，$CaCl_2$ 1，调至 pH 7.0。

蛋黄+蛋白胨+葡萄糖培养基（g/L）：蛋黄 20，蛋白胨 10，葡萄糖 5，NaCl 3，$MgSO_4 \cdot 7H_2O$ 0.5，$CaCl_2$ 1，调至 pH 7.0。

蛋黄+LB 培养基（g/L）：蛋黄 20，蛋白胨 10，酵母浸粉 5，NaCl 5，调至 pH 7.0。

蛋白胨培养基 PEP（g/L）：蛋白胨 10，$MgSO_4 \cdot 7H_2O$ 0.5，$CaCl_2$ 1，调至 pH 7.0。

葡萄糖培养基 GLC（g/L）：葡萄糖 5，蛋白胨 10，$CaCl_2$ 1，NaCl 3，$MgSO_4 \cdot 7H_2O$ 0.5，调至 pH 7.0。

果糖培养基 FRU（g/L）：果糖 5，蛋白胨 10，NaCl 3，$MgSO_4 \cdot 7H_2O$ 0.5，$CaCl_2$ 1，调至 pH 7.0。

麦芽糖培养基 Maltose（g/L）：麦芽糖 5，蛋白胨 10，NaCl 3，$CaCl_2$ 1，$MgSO_4 \cdot 7H_2O$ 0.5，调至 pH 7.0。

葡萄糖+水溶性卵磷脂培养基 GPPC（g/L）：葡萄糖 5，蛋白胨 10，水溶性卵磷脂 5，NaCl 3，$CaCl_2$ 1，$MgSO_4 \cdot 7H_2O$ 0.5，调至 pH 7.0。

果糖+水溶性卵磷脂培养基 FPPC（g/L）：果糖 5，蛋白胨 10，水溶性卵磷脂 5，NaCl 3，$CaCl_2$ 1，$MgSO_4 \cdot 7H_2O$ 0.5，调至 pH 7.0。

麦芽糖+水溶性卵磷脂培养基 MPPC（g/L）：麦芽糖 5，蛋白胨 10，水溶性卵磷脂 5，NaCl 3，$MgSO_4 \cdot 7H_2O$ 0.5，$CaCl_2$ 1，调至 pH 7.0。

大豆来源卵磷脂培养基 PESO（g/L）：大豆来源卵磷脂 5，NaCl 3，$MgSO_4 \cdot 7H_2O$ 0.5，$CaCl_2$ 1，调至 pH 7.0。

花生来源卵磷脂培养基 PEPE（g/L）：花生来源卵磷脂 5，NaCl 3，$MgSO_4 \cdot 7H_2O$ 0.5，$CaCl_2$ 1，调至 pH 7.0。

葵花来源卵磷脂培养基 PEPS（g/L）：葵花来源卵磷脂 5，NaCl 3，$MgSO_4 \cdot 7H_2O$ 0.5，$CaCl_2$ 1，调至 pH 7.0。

水溶性卵磷脂培养基 WSP（g/L）：水溶性卵磷脂 5，NaCl 3，$CaCl_2$ 1，

$MgSO_4 \cdot 7H_2O$ 0. 5，调至 pH 7. 0。

卵磷脂+蛋白胨培养基（g/L）：卵磷脂 5，蛋白胨 10，NaCl 3，$CaCl_2$ 1，$MgSO_4 \cdot 7H_2O$ 0. 5，调至 pH 7. 0。

培养基灭菌条件：高压蒸汽灭菌，121 ℃、20 min。

2.2 实验方法

2.2.1 种子培养

取 500 μL 甘油管保藏的 *Bacillus cereus* ZY12（接种量体积比 1%）加入 50 mL 蛋黄培养基中，30 ℃、200 r/min 摇床培养。

2.2.2 发酵培养

取 1 mL 培养 24 h 的种子液（接种量体积比 2%）加入 50 mL 蛋黄培养基中，30 ℃、200 r/min 摇床培养。

2.2.3 菌株生长曲线的绘制

2.2.3.1 LB 培养基中 *Bacillus cereus* ZY12 生长曲线的绘制

菌株 *Bacillus cereus* ZY12 经种子液（LB 培养基）培养后，取种子液进行发酵培养（LB 培养基）。定期取 1 mL 发酵液，测定 600 nm 处的吸光值，并进行 3 次平行实验。根据吸光值绘制 *Bacillus cereus* ZY12 在 LB 培养基中的生长曲线。

2.2.3.2 蛋黄培养基中 *Bacillus cereus* ZY12 生长曲线的绘制

菌株 *Bacillus cereus* ZY12 经蛋黄培养基培养制成种子液，取种子液进行发酵培养（蛋黄培养基），定期取 1 mL 发酵液，稀释涂布于蛋黄固体培养基上，30 ℃培养 2 d。将 LB 培养基中发酵液稀释涂布于蛋黄固体培养基上，以其产生的菌落数与蛋白培养基中发酵液菌落数相比，将其转换为 OD 值，并进行 3 次平行实验。根据菌落个数绘制 *Bacillus cereus* ZY12 在蛋黄培养基中生长曲线。

2.2.4　磷脂酶 D 活力测定

酶联比色法：反应体系包括为 100 μL PC 乙醚（称取 0.5 g 卵磷脂，加 1 mL 乙醚，制成 500 mg/mL 的溶液，加水至 10 mL，冰浴振荡）、100 μL 酶液、100 μL 柠檬酸—柠檬酸钠（0.1 mol/L，pH 6.0）、50 μL 氯化钙（0.1 mol/L）、150 μL Triton X-100（7.5%）。37 ℃水浴摇床反应 10 min。沸水浴 3 min 终止酶反应，冷却至室温，加入 4 mL Tris-HCl（其中包含 2 mg 4-氨基安替比林、4 U 胆碱氧化酶、4 U 过氧化物酶、1 mg 苯酚和 20 mg Triton X-100），37 ℃水浴摇床反应 20 min，500 nm 处测吸光值。

2.2.5　*Bacillus cereus* ZY12 产酶曲线的测定

取 10 mL 发酵液 10000 r/min 离心 20 min，离心后，上清为胞外酶液。

取 10 mL 发酵液 10000 r/min 离心 20 min，离心后菌体用 0.9% NaCl 洗涤 3 次，将洗净的菌体重悬于 10 mL PBS 缓冲液中，超声破碎，设置程序：功率 300 W，模式为每超声 1 s 间歇 3 s，时间 10 min。超声时菌液处于冰浴中，保持低温防止酶失活。破碎后处理条件与胞外酶相同，离心后上清液为胞内酶液。离心后沉淀用 0.9% NaCl 洗涤 3 次，10 mL PBS 缓冲液重悬，悬液为胞壁酶液。

2.2.6　磷脂酶 D 粗酶液的制备

取 200 mL 离心后发酵液上清液，加入研磨后的硫酸铵，使其终浓度为 80%，冰浴搅拌 1 h，4 ℃沉淀过夜后经 10000 r/min 离心 30 min，所获得的沉淀即为纯化浓缩后的蛋白。将沉淀重新溶于 20 mL PBS 缓冲液，并转移至透析袋中（透析液为 0.02 mol/L 的 Tris-HCl 缓冲液，pH 8.0），

6 h 更换一次透析液，直至透析液中无硫酸铵残留。将透析后酶液 4 ℃、10000 r/min 离心 10 min，上清液即为浓缩后酶液。

2.2.7 蛋白浓度测定

Bradford 方法测定蛋白质浓度，并使用 BSA 牛血清蛋白作为标准品。

2.2.8 发酵—转化一步法产磷脂酰丝氨酸的方法优化

发酵—转化一步法：在卵磷脂培养基中加入底物 L-丝氨酸，发酵产磷脂酶 D 与生产磷脂酰丝氨酸共同进行的反应过程。

2.2.8.1 温度对一步法产磷脂酰丝氨酸的影响

反应温度的选择分别为：25 ℃、30 ℃、35 ℃、40℃、45 ℃和 50 ℃。菌体在蛋黄培养基中（pH 6.0）200 r/min 摇床培养 36 h 后，测定在不同温度下产生磷脂酰丝氨酸的量。

2.2.8.2 pH 对一步法产磷脂酰丝氨酸的影响

配制不同 pH 的缓冲液，其中 pH 4.0、pH 5.0 和 pH 6.0 为柠檬酸—磷酸氢钠缓冲液，pH 7.0、pH 8.0 和 pH 9.0 为 Tris-HCl 缓冲液，pH 10.0 和 pH 11.0 为甘氨酸—NaOH 缓冲液。在 40 ℃条件下，菌体在以上述缓冲液配制的蛋黄培养基中 200 r/min 摇床培养 36 h。培养结束后，测定不同 pH 下磷脂酰丝氨酸的生成量。

2.2.8.3 金属离子对一步法产磷脂酰丝氨酸的影响

向发酵液体系中加入含不同金属离子的盐，包括 NaCl、KCl、$CaCl_2$、$MgCl_2$、$BaCl_2$、$FeCl_3$、$FeSO_4$、$CuSO_4$、$ZnSO_4$ 和 $MnSO_4$ 等，使得金属离子的终浓度分别为 1 mmol/L 和 10 mmol/L。在 40 ℃条件下，菌体在添加了不同金属离子的蛋黄培养基中（pH 5.0）200 r/min 摇床培养 36 h。培养结束后，测定不同金属离子存在下产生磷脂酰丝氨酸的量。

2.2.8.4 表面活性剂对一步法产磷脂酰丝氨酸的影响

向发酵液体系中加入不同的表面活性剂，包括 TritonX-100、吐温-20、吐温-80、SDS、聚氧乙烯月桂醚以及过氧胆酸钠，使其终浓度分别为 0.1%和 0.5%（*W/V*）。在 40 ℃条件下，菌体在添加了不同表面活性剂的蛋黄培养基中（pH 5.0）200 r/min 摇床培养 36 h。培养结束后，测定不同金属离子存在下产生磷脂酰丝氨酸的量。

2.2.8.5　有机溶剂对一步法产磷脂酰丝氨酸的影响

向发酵液体系中加入不同的有机溶剂，包括甘油、二甲基亚砜、甲醇、乙腈、乙醇、丙酮、乙酸乙酯、乙醚、二氯甲烷和正己烷，有机溶剂添加时间分别为：初始培养基中加入有机溶剂、酶活起始点（4 h）添加有机溶剂、酶活对数增长期（16 h）添加有机溶剂和酶活最高期（36 h）添加有机溶剂，有机溶剂最终含量为 25%（体积分数）。培养条件为：培养温度 40 ℃；培养基 pH 5.0；200 r/min 摇床培养 36 h。培养结束后，测定不同有机溶剂存在下产生磷脂酰丝氨酸的量。

2.2.8.6　硅胶 G60 对一步法产磷脂酰丝氨酸的影响

向发酵液体系中加入质量比为 5%、10%、20%、30%的硅胶 G60。培养条件为：培养温度 40 ℃；培养基 pH 5.0；200 r/min 摇床培养 36 h。培养结束后，测定不同质量比的硅胶 G60 存在下产生磷脂酰丝氨酸的量。

2.2.8.7　L-丝氨酸对一步法产磷脂酰丝氨酸的影响

向发酵液体系中加入质量比为 5%、10%、20%、30%的 L-丝氨酸。培养条件为：培养温度 40 ℃；培养基 pH 5.0；200 r/min 摇床培养 36 h。培养结束后，测定不同质量比的 L-丝氨酸存在下产生磷脂酰丝氨酸的量。

2.3　结果与讨论

2.3.1　*Bacillus cereus* ZY12 磷脂酶 D 的分布

菌株 *Bacillus cereus* ZY12 是利用蛋黄初筛培养基（蛋黄为唯一碳氮

源)，从豆油厂附近的土壤中分离得到的一株细菌，复筛纯化后，保藏于甘油管中备用。系统进化树分析该菌株与 *Bacillus cereus* 亲缘关系最近，结果见附录 A。由于该菌株能够在蛋黄固体培养基中生长并产生透明圈，因此将菌株 *Bacillus cereus* ZY12 在蛋黄液体培养基中培养 2 d，取发酵液用于测量胞外、胞壁及胞内磷脂酶 D 的活性，结果如图 2-1 所示。胞外能够检测到磷脂酶 D 的活性，胞壁及胞内检测不到磷脂酶 D 的活性。该结果说明，菌株 *Bacillus cereus* ZY12 磷脂酶 D 为胞外酶，与目前报道的所有微生物来源磷脂酶 D 分布情况相同。

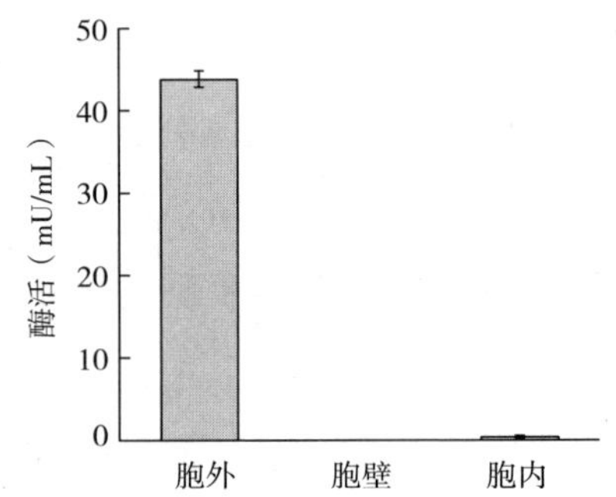

图 2-1　蛋黄培养基中胞外、胞壁、胞内磷脂酶 D 活性对比

2.3.2　*Bacillus cereus* ZY12 在蛋黄培养基中的生长曲线及产酶曲线

在蛋黄培养基中，菌株 *Bacillus cereus* ZY12 发酵后，胞外能检测到磷脂酶 D 的活性，如图 2-2 所示，培养初期（0~8 h）胞外磷脂酶 D 的活性逐渐增大，胞内无磷脂酶 D 的活性，培养 8 h 后胞外磷脂酶 D 的活性显著增大，最大酶活力在 36 h 达到 41 mU/mL，随后活性逐渐降低。

菌株 *Bacillus cereus* ZY12 在蛋黄培养基中发酵培养 52 h，每 4 h 检测 1 次菌体浓度及酶活。培养初期（0~8 h）细胞生长缓慢，8 h 后细胞生长进入对数期，24 h 细胞生长进入平台期，52 h 发酵培养结束，如图 2-2 所示。分析 *Bacillus cereus* ZY12 的生长曲线及产酶曲线，发现菌体的生长和磷脂酶 D 的生成呈正相关性，因此推测该磷脂酶 D 为生长偶联型产物。

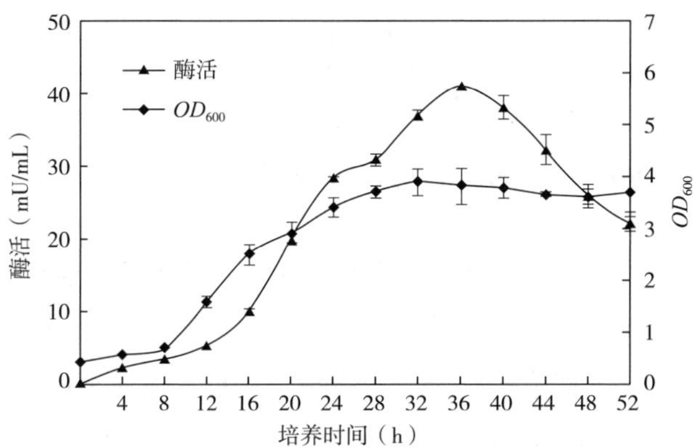

图 2-2 蛋黄培养基中胞外产酶曲线及菌体生长曲线

2.3.3 pH 对 *Bacillus cereus* ZY12 产酶的影响

将菌株 *Bacillus cereus* ZY12 培养在不同 pH 条件（pH 5、pH 6、pH 7、pH 8、pH 9、pH 10）下的蛋黄培养基中，30 ℃发酵培养 36 h，测定胞外磷脂酶 D 的活性。

如图 2-3 所示，当 pH 介于 6~8 时，酶活较高；pH 为 8 时，酶活最高；随着 pH 的增大，酶活急剧下降。通常情况下，芽孢杆菌属的菌体对 pH 有较强的耐受能力，不会出现产酶能力急剧下降的现象。但当菌株在 pH 大于 8 后，酶活却急剧下降，分析原因可能是由于碱性条件下，*Bacillus*

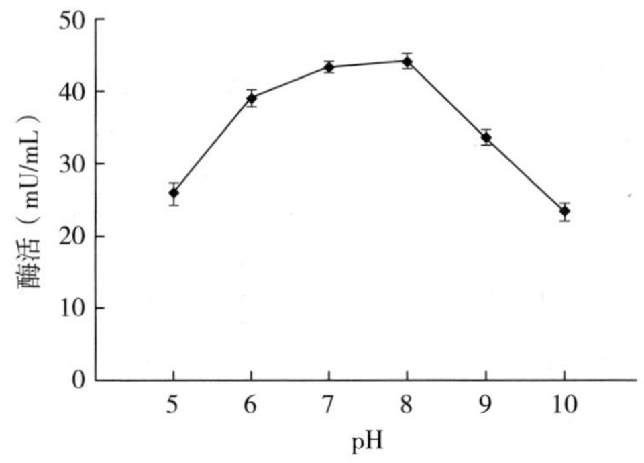

图 2-3 蛋黄培养基中不同 pH 条件下产酶曲线

cereus ZY12 产生的磷脂酶 D 水解活性增强，菌体生存环境进一步恶化，导致了菌体在高 pH 环境下耐受性的降低。

2.3.4 温度对 *Bacillus cereus* ZY12 产酶的影响

在 pH 8.0 的条件下，温度在 20~45 ℃时，酶活较高；30 ℃时，酶活最高；随着温度的升高，酶活下降并不显著（图 2-4），说明菌体对温度的耐受能力较强。依据上述结果，将菌株 *Bacillus cereus* ZY12 培养在 pH 为 8 的蛋黄培养基中，30 ℃发酵培养 36 h 后可在发酵液中获得最佳的磷脂酶 D 活性。

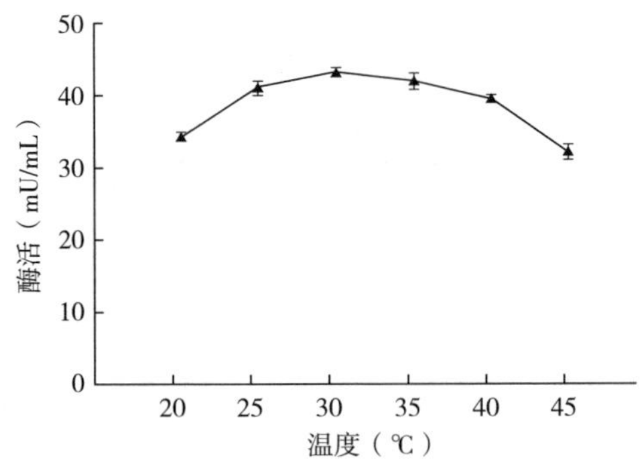

图 2-4 蛋黄培养基中不同温度条件下产酶曲线

2.3.5 金属离子对 *Bacillus cereus* ZY12 产酶的影响

多数磷脂酶 D 产生活性时需要金属离子 Ca^{2+} 的参与，同时部分二价离子能够提高磷脂酶 D 的活性。对原始菌株的进一步研究发现，硫酸铵沉淀目的蛋白后进行的酶反应实验过程中，在酶浓度增加的情况下，酶活力反而下降。这说明磷脂酶 D 在催化反应过程时，需要一些其他的辅助因子或辅助蛋白的参与。而通过硫酸铵沉淀浓缩后，可能导致这些辅助因子或辅助蛋白的丢失，进而引起酶活的下降。

如图 2-5 所示，通过在培养基中添加不同金属离子，发现在添加了 Mg^{2+}、Na^{+}、Ca^{2+} 的发酵液中均能够检测到磷脂酶 D 的活性，其中 Mg^{2+} 存在时活性最高、Na^+次之、Ca^{2+}最低。而在添加了 Ba^{2+}、Zn^{2+}、Fe^{2+}、Cu^{2+}、Fe^{3+}的发酵液中均检测不到磷脂酶 D 的活性。

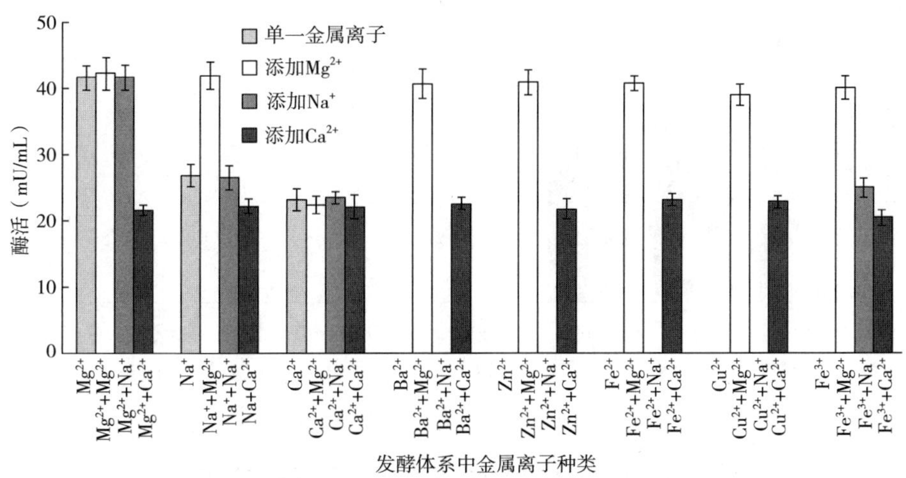

图 2-5 发酵体系中添加不同金属离子对酶活的影响

为确定金属离子添加最优配比，将以上 3 种离子（Mg^{2+}、Na^+、Ca^{2+}）分别与最初实验中测试的单一离子（Mg^{2+}、Na^+、Ca^{2+}、Ba^{2+}、Zn^{2+}、Fe^{2+}、Cu^{2+}、Fe^{3+}）进行两两配比添加到培养基中，确定最优组合。结果显示，向含有单一离子培养基中添加 Mg^{2+}后，除在含有单一 Ca^{2+}培养基中的菌株磷脂酶 D 活性无明显变化外，其他培养基中磷脂酶 D 活性显著提高。向含有单一离子培养基中添加 Na^+后，在含单一 Fe^{3+}培养基中能够检测到磷脂酶 D 活性，与含单一 Na^+培养基中酶活相似；在含 Mg^{2+}和 Ca^{2+}的培养基中，酶活无明显变化。其他培养基中均未检测到有磷脂酶 D 活性。向单一离子培养基中添加 Ca^{2+}后，所有培养基中均检测到磷脂酶 D 活性，与含单一 Ca^{2+}培养基中的酶活相似。

实验结果显示，不同金属离子对磷脂酶 D 活性有不同的影响，影响强度为：Ca^{2+}>Mg^{2+}>二价金属离子>Na^+>Fe^{3+}。

在酶催化反应体系中添加不同金属离子，通过活性检测，确定反应体系中最优金属离子种类。如图 2-6 所示，从含有 Mg^{2+}、Na^+、Ca^{2+}的发酵液中提取的粗酶液，能够检测到磷脂酶 D 活性。

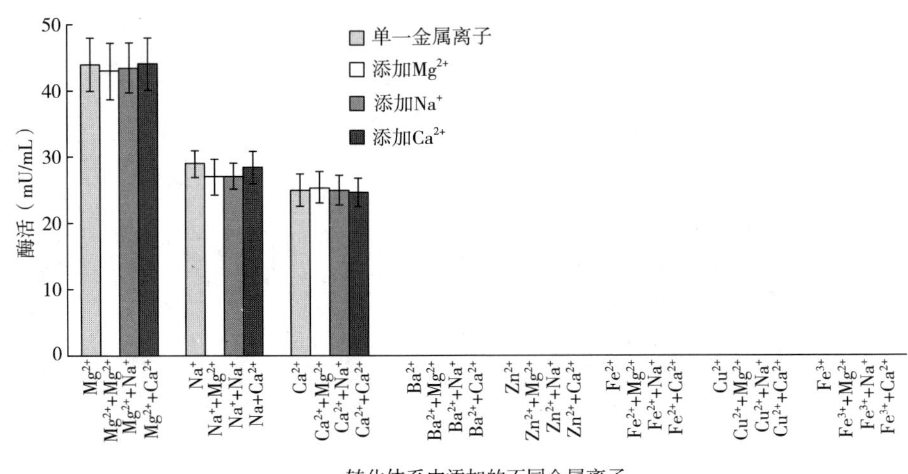

图 2-6　转化体系中添加不同金属离子对酶活的影响

改变反应体系中添加的金属离子种类（Mg^{2+}、Na^{+}、Ca^{2+}、Ba^{2+}、Zn^{2+}、Fe^{2+}、Cu^{2+}、Fe^{3+}），活性差异不显著。从含有 Ba^{2+}、Zn^{2+}、Fe^{2+}、Cu^{2+}、Fe^{3+}的发酵液中提取的粗酶液，均检测不到磷脂酶 D 活性。改变反应体系中添加的金属离子种类（Mg^{2+}、Na^{+}、Ca^{2+}、Ba^{2+}、Zn^{2+}、Fe^{2+}、Cu^{2+}、Fe^{3+}），仍检测不到磷脂酶 D 活性。以上实验结果说明：菌体生长过程中，培养基中的金属离子种类，影响磷脂酶 D 活性；但在含有发酵液的后续反应体系中添加不同的金属离子浓度及类型，对磷脂酶 D 活性无影响。

磷脂酶 D 在细胞生长过程中，通过与相应的金属离子结合形成不同的蛋白—金属离子复合物，进而导致酶催化活性的差异。因此在菌体培养过程中，确定金属离子的添加种类是十分重要的。后期实验中，通过 Real-time PCR 验证发现，培养基中添加不同金属离子，对磷脂酶 D 基因的表达量影响不显著，说明金属离子对磷脂酶 D 的表达量无影响。

2.3.6　表面活性剂对 *Bacillus cereus* ZY12 产酶的影响

由于表面活性剂可提高细胞膜的通透性，增加磷脂酶 D 的外泌，因此选择不同的表面活性剂来检测在 *Bacillus cereus* ZY12 发酵过程中，表面活性剂的添加对磷脂酶 D 合成的影响。但通过胞外磷脂酶 D 活性检测发现，培养基中加入 Triton X-100、吐温-20、吐温-100、SDS 时，磷脂酶 D 活性明显下降（图 2-7）。推测表面活性剂的添加可能不利于磷脂酶 D 与金属离子形成活性复合物，或影响酶与底物的结合，从而导致酶活的下降。

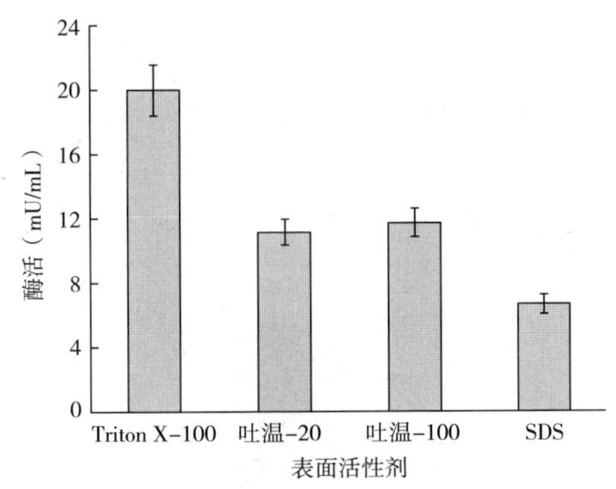

图 2-7　发酵体系中添加不同表面活性剂对活性的影响

2.3.7　发酵—转化条件对磷脂酰丝氨酸合成的影响

Bacillus cereus ZY12 磷脂酶 D 为胞外酶，在细胞生长期间被连续分泌至胞外。在蛋黄培养基中，发酵 4 h 后胞外可检测到磷脂酶 D 的水解活性，36 h 后酶活达到最大值，在此期间发酵液中的酶量持续增加。而随着菌体的生长以及磷脂酶 D 的不断外泌，由 *Bacillus cereus* ZY12 合成的磷脂酶 D 随着发酵的进行酶活必然会受到一定程度的影响。因此，发酵—转化两个实验的同时进行，尽可能地保证了转化反应在高磷脂酶 D 活性的条件下发生。*Bacillus cereus* ZY12 的发酵条件与磷脂酶 D 合成磷脂酰丝氨酸的反应体系有许多相似点：培养条件和反应条件均为 30 ℃，培养基和反应体系中均含有磷脂酶 D 和 PC，金属离子种类相同且含量接近。不同点是磷脂酰

丝氨酸（PS）合成反应在两相体系中进行或添加吸附材料的纯水相体系中进行，同时需要过量的 L-丝氨酸。

2016 年张小里教授团队发现，硅胶 G60 作为吸附材料，能够提高磷脂酶 D 在纯水相中转化生成磷脂酰丝氨酸的合成量。因此，将硅胶 G60 添加到培养基中，36 h 培养结束后，通过氯仿萃取硅胶 G60，悬浊液超声 20 min，能够检测到少量产物磷脂酰丝氨酸（PS）的生成。如图 2-8 所示，转化生成的磷脂酰丝氨酸（PS）均吸附在硅胶 G60 上，发酵液上清中未能检测到磷脂酰丝氨酸（PS）。硅胶 G60 的氯仿萃取液中同时含有卵磷脂（PC）和磷脂酰乙醇胺（PE），与培养基上清液的氯仿萃取液相比，卵磷脂（PC）与磷脂酰乙醇胺（PE）比值增加，但硅胶 G60 吸附能力有限，多数卵磷脂（PC）、磷脂酰乙醇胺（PE）仍存在于发酵液上清中。

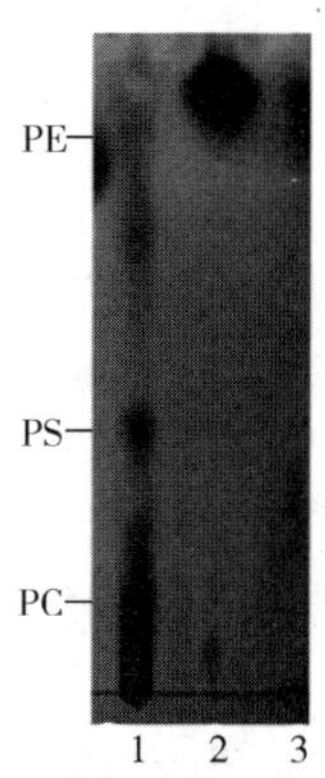

图 2-8　添加硅胶 G60 后磷脂酰丝氨酸（PS）生成检测

1—PS、PC、PE 标准品　2—上清液的氯仿萃取液　3—G60 的氯仿萃取液

但在培养基中通过添加过量 L-丝氨酸、添加不同类型有机溶剂，并改变 L-丝氨酸量、培养时间、培养温度、有机溶剂添加时间等多种因素后，未检测到磷脂酰丝氨酸（PS）生成。推测可能是有机溶剂的添加影响 *Bacillus cereus* ZY12 生产磷脂酶 D，或是有机溶剂影响磷脂酶 D 活性形式的形成，最终导致在有机溶剂存在下，检测不到磷脂酰丝氨酸的生成。

前期研究结果表明，*Bacillus cereus* ZY12 在培养温度 25～40 ℃、培养

基 pH 5~8 时生长正常、酶活较高。同时文献报道磷脂酶 D 转化体系中，较高温度、较低 pH 更有利于磷脂酰丝氨酸（PS）的合成，因此将培养温度设定为不影响菌体生长的最高温度 40 ℃、pH 为 5 酸性条件下进行发酵—转化反应，条件优化后磷脂酰丝氨酸生成如图 2-9 所示。

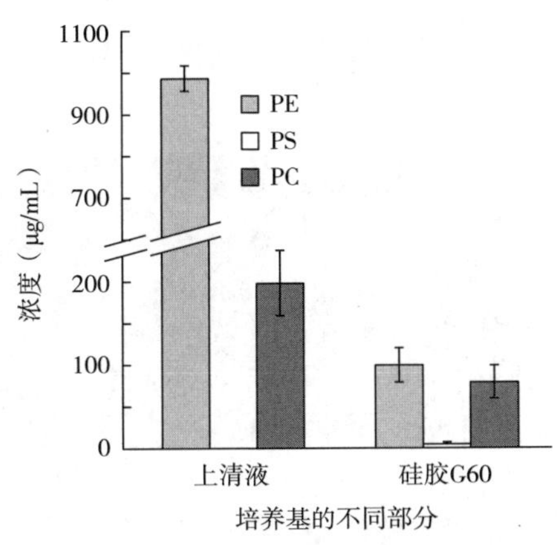

图 2-9　优化合成条件后磷脂酰丝氨酸（PS）生成量

2.3.8 *Bacillus cereus* ZY12 细胞形态和磷脂酶 D 活性的关系

菌株 *Bacillus cereus* ZY12 在蛋黄培养基中具有磷脂酶 D 的活性，前期实验均以蛋黄培养基为基础，进行培养条件的优化及酶活的研究，但以蛋黄作为培养基原料存在两个问题：首先蛋黄中营养成分多为大分子物质，不利于菌体的分解利用；其次以蛋黄为原料无法进行大规模的工业化生产。因此将菌株 *Bacillus cereus* ZY12 培养在 LB 培养基中，期望通过提高菌株的生物量进而增加磷脂酶 D 的活性。

菌株 *Bacillus cereus* ZY12 在 LB 培养基中培养 2 d，细胞生长良好，但胞外检测不到磷脂酶 D 的活性，菌体镜检结果显示，菌体芽孢较小，菌体呈短杆状，整体形态规则，未相互缠绕聚集，如图 2-10（a）所示。而菌株 *Bacillus cereus* ZY12 在蛋黄培养基中培养 2 d，细胞生长良好，胞外具有磷脂酶 D 的活性，菌体镜检结果显示，菌体芽孢部分明显突出、位于菌体中心，菌体形态较粗短，部分菌体相互连接成长链状、缠绕聚集，如图 2-10（b）所示。

当菌株 *Bacillus cereus* ZY12 培养蛋黄+蛋白胨+葡萄糖培养基或蛋黄+蛋白胨培养基中，发酵结束后，胞外无磷脂酶 D 的活性，细胞形态与 LB 培养基中细胞形态相近［图 2-10（c）及图 2-10（d）］。说明 *Bacillus cereus* ZY12 具有磷脂酶 D 活性会直接影响其细胞形态。

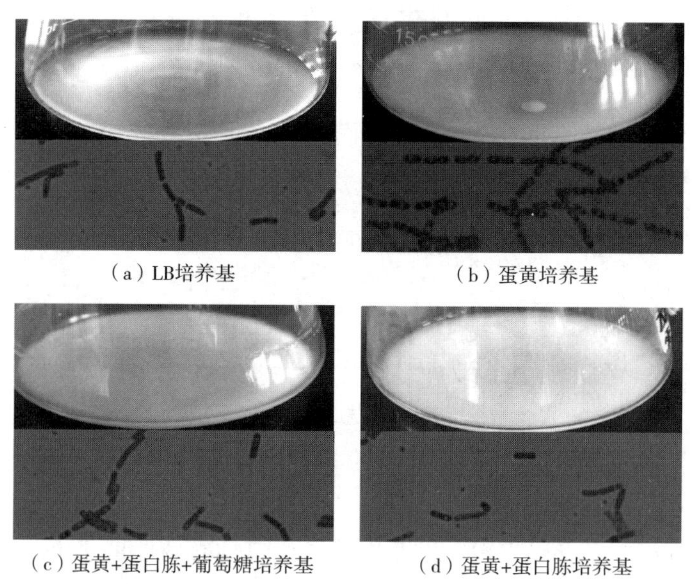

（a）LB培养基　（b）蛋黄培养基

（c）蛋黄+蛋白胨+葡萄糖培养基　（d）蛋黄+蛋白胨培养基

图 2-10　不同培养基中菌液情况及菌体形态

分析图 2-10 中菌体形态发现，当菌株 *Bacillus cereus* ZY12 具有磷脂酶 D 活性时，菌体芽孢明显；而菌株无磷脂酶 D 活性时，菌体芽孢不明显。推测菌株 *Bacillus cereus* ZY12 产生磷脂酶 D 后，菌体自身细胞膜存在被水解的风险，而菌体通过产生芽孢进而对抗不利环境，保持细胞的正常生长。芽孢是细菌的一种休眠体，通常在生长发育后期出现，表现为细胞个体缩小、细胞壁增厚。通过休眠体的产生，细菌可抵抗干旱、高热、高酸碱、高渗透等极端环境，是细菌适应恶劣环境的进化产物。

2.3.9　*Bacillus cereus* ZY12 在 LB 培养基中的生长曲线及产酶曲线

菌株 *Bacillus cereus* ZY12 在 LB 培养基中发酵培养 52 h，4 h 检测一次菌体浓度及酶活。培养初期（0~8 h）细胞增长较缓慢，8 h 后细胞增长进入对数生长期，32 h 细胞增长进入平台期，52 h 发酵培养结束。如图 2-11 所示，菌株 *Bacillus cereus* ZY12 无磷脂酶 D 的活性，但细胞生长情况良好。

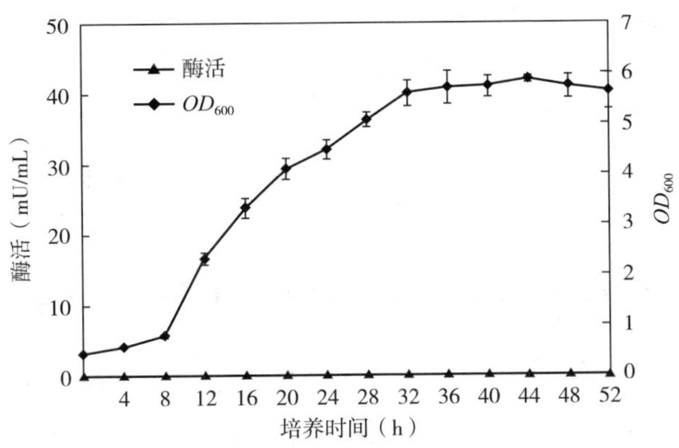

图 2-11　LB 培养基中胞外产酶曲线及菌体生长曲线

2.3.10　*Bacillus cereus* ZY12 产磷脂酶 D 的诱导

菌株 *Bacillus cereus* ZY12 在 LB 培养基中无磷脂酶 D 的活性。但当菌株 *Bacillus cereus* ZY12 分别培养在添加了大豆卵磷脂、花生卵磷脂、葵花卵磷脂、水溶性卵磷脂的 LB 培养基中，发酵培养 2 d 后，胞外均能够检测到磷脂酶 D 的活性，如图 2-12 所示。因此推测卵磷脂可以诱导菌株 *Bacillus cereus* ZY12 产生磷脂酶 D。菌株在蛋黄培养基中培养后也具有磷脂酶 D 的活性，而卵磷脂（PC）是蛋黄中比率最高的磷脂类物质，同时又是磷脂酶 D 的作用底物，因此进一步说明：卵磷脂是诱导菌株 *Bacillus cereus* ZY12 产生磷脂酶 D 的关键物质。虽然不同来源卵磷脂均能诱导菌株 *Bacillus cereus* ZY12 产磷脂酶 D，但在蛋黄培养基中发酵后的菌体酶活最高。推测是由于蛋黄中卵磷脂具有更好的水溶性及细胞膜穿透性，因此在蛋黄卵磷脂的诱导下，菌株 *Bacillus cereus* ZY12 磷脂酶 D 活性更高。

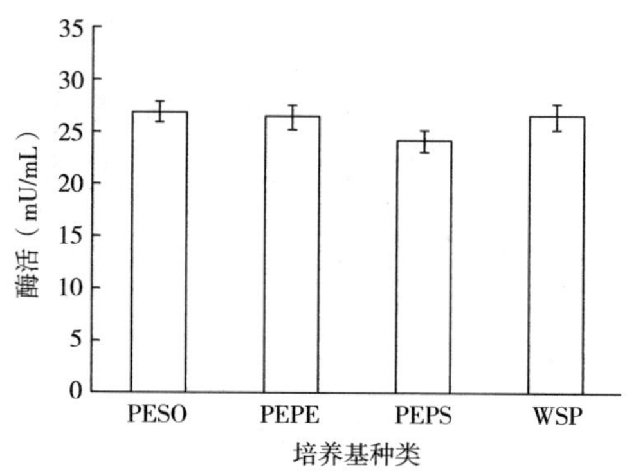

图 2-12　LB 培养基中添加不同来源卵磷脂后酶活对比

2.3.11　小分子糖对 *Bacillus cereus* ZY12 产磷脂酶 D 的影响

在 LB+水溶性卵磷脂培养基中（水溶性卵磷脂与其他来源卵磷脂相比，均能够诱导菌株 *Bacillus cereus* ZY12 产生磷脂酶 D，且更易溶于水，耐高温，因此采用水溶性卵磷脂作为培养基主要成分），添加葡萄糖、果糖以及麦芽糖后，菌株 *Bacillus cereus* ZY12 在这些培养基中发酵培养 2 d，检测胞外磷脂酶 D 的活性。结果如图 2-13 所示，只有在未添加小分子糖类物质的卵磷脂培养基中，*Bacillus cereus* ZY12 发酵结束后才具有磷脂酶 D 的活性。当培养基中存在小分子糖类时，如葡萄糖、果糖以及麦芽糖，卵磷脂的诱导作用均被抑制，在胞外检测不到磷脂酶 D 的活性。该现象说明，某些碳源（葡萄糖、果糖、麦芽糖）会抑制磷脂酶 D 的表达。当培养基中的诱导物与葡萄糖、果糖或麦芽糖等碳源同时存在时，诱导物不能产生诱导作用。

但将上述培养基中无磷脂酶 D 活性的菌体离心后，转接至卵磷脂培养基中，发酵培养 2 d 后，均可检测到磷脂酶 D 的活性，如图 2-14 所示。虽然与持续在卵磷脂培养基中培养的菌体相比，酶活有所降低，但菌体的生物量及细胞形态无显著差异。该现象说明在含有不同碳源（葡萄糖、果糖、麦芽糖）的培养基中，磷脂酶 D 编码基因没有改变或消失，只是处于沉默或低表达状态，当培养基中出现合适诱导物后，磷脂酶 D 编码基因的转录被激活。与直接培养在卵磷脂培养基中的菌体相比，后转接至卵磷脂培养基中的菌株生产磷脂酶 D 的能力明显受到一定程度的抑制，说明菌体需要将体内营养物质代谢完全后，才能进入诱导产酶状态。

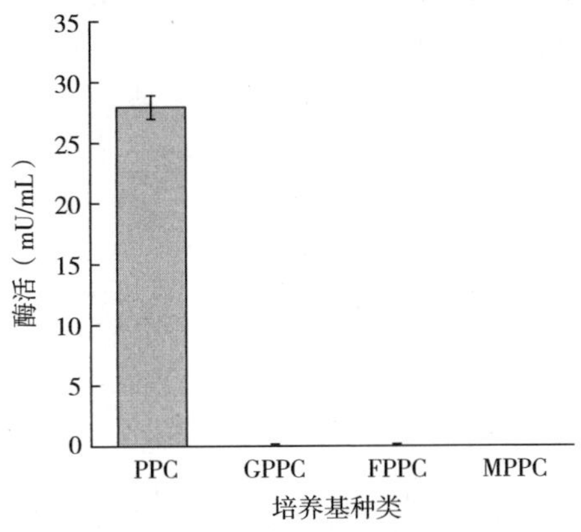

图 2-13　水溶性卵磷脂培养基中添加不同碳氮源后酶活对比

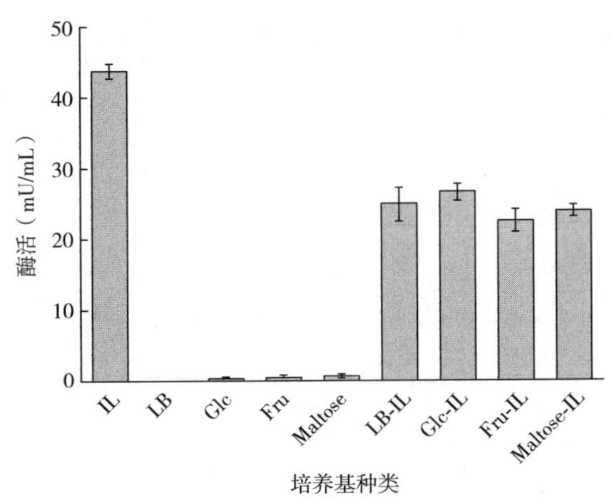

图 2-14　不同培养基中酶活对比

2.4　本章小结

（1）蛋黄能够诱导 *Bacillus cereus* ZY12 产磷脂酶 D，蛋黄中卵磷脂

（PC）为关键诱导物，小分子碳源会可逆性的抑制诱导作用的产生。

（2）*Bacillus cereus* ZY12 磷脂酶 D 为胞外酶，在蛋黄培养基中，培养温度 30 ℃、培养基 pH 8.0，培养时间 36 h 时酶活达到最大的 45 mU/mL。

（3）培养基中加入质量比 5%的硅胶 G60、10% L-丝氨酸、培养温度 40 ℃、培养基 pH 5.0，培养时间 42 h，生成的磷脂酰丝氨酸为 3.0 mg/L。

第 3 章　*Bacillus cereus* ZY12 磷脂酶 D 基因克隆及功能验证

前期研究发现，*Bacillus cereus* ZY12 培养在蛋黄为唯一碳源、氮源的培养基中，能够检测到磷脂酶 D 的活性，通过序列分析，锚定在一段全长为 1212 bp 的基因上（Genbank No. KY852313）。通过进化树分析、序列比对等方法证明该基因具有磷脂酶 D 的活性保守序列。同时实时定量 PCR 结果显示，与培养在 LB 培养基中的无磷脂酶 D 活性的菌株相比，培养在蛋黄为唯一碳氮源的培养基中的菌株具有磷脂酶 D 活性且目的基因表达量明显上调。通过密码子优化，反馈抑制区域解除及 N 端疏水性序列整体截除等方法，最终实现了目的基因在大肠杆菌中的高效表达，同时在大肠杆菌胞内检测到了磷脂酶 D 活性。

3.1　实验材料

3.1.1　实验仪器与设备

实验仪器与设备如表 3-1 所示。

表 3-1　实验仪器与设备

仪器名称	生产商	型号
多头磁力加热搅拌器	常州国华电器有限公司	HJ-6A
干燥箱	上海一恒科学仪器有限公司	GRX-9053A
PCR 仪	德国艾本德股份有限公司	Mastercycler pros

续表

仪器名称	生产商	型号
电泳仪变压器	ADVANCE	Mupid-2plus
转移电泳仪	北京六一仪器有限公司	DYCZ-40K
漩涡振荡器	SCILOGEX（美国赛洛捷克）	MX-S
垂直式电泳仪	北京六一仪器有限公司	DYCZ-24KF
台式高速迷你离心机	实验器仪器开发有限公司	WIL-10K
冷冻离心机	株式会社日立制作所	CR 21G
电泳仪紫外可见分光光度计	上海元析仪器有限公司	UV-5100
干湿恒温器	杭州奥盛仪器有限公司	MK2000-1
紫外透射仪	大连竞迈生物科技有限公司	UV-140
实时荧光定量 PCR 系统	ROCHE	LightCycler 480II

3.1.2 实验试剂

实验试剂如表 3-2 所示。

表 3-2 实验试剂

试剂名称	生产商
DNA 上样缓冲液、DNA Marker	TaKaRa
柱式 DNA BACK（试剂盒）	北京天恩泽基因科技有限公司
Taq DNA 聚合酶、dNTP、DNA 聚合酶	Transgen
引物 STAR MAX	TaKaRa
PGM-T 克隆试剂盒、T4 DNA 连接酶	Transgen
IPTG、X-gal	Solarbio
琼脂糖	BIOWEST
EB 染料、Protein Maker	TaKaRa
氨苄青霉素、氯霉素、卡那霉素	Solarbio
总 RNA 提取试剂	Transgen
DEPC 处理水	生工生物工程（上海）股份有限公司
SYBR® Premix Ex Taq™ Ⅱ（Tli RNaseH Plus）	TaKaRa

续表

试剂名称	生产商
DNaseI（RNase-free）	Transgen
逆转录酶 M-MLV（RNase H）	TaKaRa

3.1.3　实验菌株及质粒

应用菌株及质粒如表 3-3 所示。

表 3-3　应用菌株及质粒

名称	用途	来源
E. coli Trans1-T1	分子克隆、质粒提取	全式金
E. coli BL21（DE3）Lyss	蛋白表达	实验室保藏
酵母 MKP 0	酵母转运	实验室保藏
pGMT	克隆载体	天根
pET-30b	表达载体	实验室保藏
Leu-2d	酵母转运载体	实验室保藏
pET-30b-wt-PLD	原始 PLD 序列表达载体	实验构建
pET-30b-opti-PLD	优化后 PLD 序列表达载体	实验构建
pET-28a-opti-PLD	优化后 PLD 序列表达载体	实验构建
pET-32b-opti-PLD	优化后 PLD 序列表达载体	实验构建
pET-30b-opti-PLD（AAGAAAAAT）	优化后 PLD 序列解除反馈抑制抑制部分表达载体	实验构建
pET-30b-opti-PLD（AAGAAGAAT）	优化后 PLD 序列解除反馈抑制抑制部分表达载体	实验构建
pET-30b-opti-PLD（AAAAAGAAT）	优化后 PLD 序列解除反馈抑制抑制部分表达载体	实验构建
pET-30b-opti-PLD-s	优化后 PLD 序列解除疏水区域部分表达载体	实验构建
pET-30b-wt-PLD-s	原始 PLD 序列解除疏水区域部分表达载体	实验构建

3.1.4 PCR 引物

利用引物设计软件 Primer Premier 5.0，以 *Bacillus cereus* 4342 基因组中同源基因序列为模板，设计引物 BC4342-PLD-FL-F/R 用于扩增磷脂酶 D，并由华大基因有限公司（北京）合成。16S rDNA-F/R 为 16S rDNA 通用引物，购于宝生物工程（大连）有限公司。具体引物序列见表 3-4。

表 3-4 具体引物序列

引物名称	碱基序列（5′→3′）
BC-PLD-RT-478-F	GAGATTGGTTATACGGGTGG
BC-PLD-RT-679-R	ATGTATTCCCTTTGCTAGCC
BC-PLD-1184-R	AATTTCTCCTTACAACGCTCC
BC4342-PLD-FL-1271-F	TGGAAGAAATAATGATGCGA
BC4342-PLD-FL-2776-R	CTTTGATGAGCCTGGAGTAAT
BC-16S-214-F	TATTTAGACGCAGCGGAAGA
BC-16S-460-R	GGGCAGGATGATTTGACG
BC-PLD-FL-*Nde* Ⅰ-F	GC**CATATG**ATCAAAAAAATCCTGCG
BC-PLD-FL-*Xhol* Ⅰ-R	GC**CTCGAG**TCACAGGTAGAAGTCGATCC
BC-PLD-FL-SM-*Xhol* Ⅰ-R	GC**CTCGAG**AAACAGGTAGAAGTCGATCC
BC-PLD-*Nde* Ⅰ-F	CG**CATATG**ATTAAAAAAATATTGCG
BC-PLD-*Hind* Ⅲ-R	CG**AAGCTT**TCACAAATAAAAATCAATCC
BC-PLD-SM-*Hind* Ⅲ-R	CG**AAGCTT**AAACAAATAAAAATCAATCC

注 引物序列中的限制性位点，以粗体显示。F：正向引物，R：反向引物。

3.1.5 培养基和试剂的配制

氨苄霉素抗性 LB 培养基（g/L）：蛋白胨 10，NaCl 5，酵母浸粉 5，氨苄青霉素钠 0.1，调至 pH 7.0。

卡那霉素抗性 LB 培养基（g/L）：蛋白胨 10，NaCl 5，酵母浸粉 5，卡那霉素硫酸盐 0.05，调至 pH 7.0。

氯霉素抗性 LB 培养基（g/L）：蛋白胨 10，NaCl 5，酵母浸粉 5，氯霉素 0.1，调至 pH 7.0。

氯霉素、卡那霉素抗性 LB 培养基（g/L）：蛋白胨 10，NaCl 5，酵母浸粉 5，氯霉素 0.1，卡那霉素硫酸盐 0.05，调至 pH 7.0。

固体培养基添加琼脂粉 20 g/L。

培养基灭菌条件：高压蒸汽灭菌，121 ℃、20 min。

3.2　实验方法

3.2.1　DNA 及 RNA 提取

3.2.1.1　DNA 的提取

取 1.5 mL 发酵液，12000 r/min 离心 1 min，收集菌体。加入 100 μg/mL 的溶菌酶 50 μL，37 ℃静置 1 h。

加入裂解液（40 mmol/L Tris-HCl、pH 8.0 的 20 mmol/L 乙酸钠、1 mmol/L EDTA、1% SDS）200 μL，放置 3 min，加入 66 μL 5 mol/L NaCl，混匀后，12000 r/min 离心 10 min，取上清。

加入与上清液等体积的 Tris 饱和酚，混匀后，12000 r/min 离心 5 min，取上层水相。加入与上层水相等体积氯仿，混匀后，12000 r/min 离心 5 min，取上层水相（重复两次）。

加入上层水相两倍体积的预冷无水乙醇，12000 r/min 离心 15 min，弃上清。

400 μL 70% 乙醇洗涤两遍，弃上清，真空干燥后，溶于 40 μL 超纯水。

3.2.1.2　RNA 的提取

取 100 μL 离心后的菌体放入研钵中，加液氮研磨 5~6 次后转移至

2 mL 离心管中，加入 0.5 mL TRNzol 悬浮研磨后的菌体，加 3 μL NaAc（3 mol/L），轻弹混匀，4℃，12000 r/min，离心 30 min。

转移上清至新离心管中，加等体积氯仿，振荡混匀，4 ℃，12000 r/min，离心 20 min。重复该过程一次。

转移上清至新离心管中，加入 0.7 倍体积异丙醇，混匀 4 ℃，12000 r/min，离心 30 min。

弃上清，加入 1 mL 75% 乙醇，洗涤沉淀，4 ℃，12000 r/min，离心 15 min。重复该过程一次。

弃上清，真空干燥 30~50 s，溶于 50 μL DEPC 水后直接使用或保存于 -80 ℃冰箱中。

3.2.1.3 DNA 及 RNA 的质量检测

取溶解后 RNA 适当稀释后，测定 OD_{260} 以及 OD_{280} 吸光值，计算 OD_{260}/OD_{280}。

琼脂糖凝胶电泳检测。

3.2.2 目的基因克隆及琼脂糖凝胶电泳分离

3.2.2.1 PCR 体系（20 μL，表 3-5）

表 3-5 PCR 反应体系

组分	体积（20 μL）
正向引物-F	1 μL
反向引物-R	1 μL
超纯水	7 μL
Primer STAR MAX DNA Ploymerase（2×）	10 μL
DNA（模板）	1 μL

3.2.2.2 PCR 反应程序

退火温度、延伸时间根据具体情况分析（表 3-6）。

表 3-6　PCR 扩增条件

预变性	扩增				延伸
	变性	退火	延伸	循环数	
98 ℃，2 min	98 ℃，15 s	48~58 ℃，30 s	72 ℃，1 min	35	72 ℃，10 min

注　加 A 反应：20 μL 反应体系，加入 0.2 μL 的 ExTaq 酶，72 ℃延伸 1 h。

3.2.2.3　琼脂糖凝胶电泳分离

PCR 产物经 1%琼脂糖凝胶电泳分离后，选择目的条带切胶回收。胶回收方法按照 Omega 公司 DNA 回收试剂盒操作方法进行。胶回收后得到的 DNA 片段取 5 μL 进行琼脂糖凝胶电泳检测。成功后将回收的 DNA 片段（利用高保真酶扩增的 DNA 片段需做加 A 反应）与 pGM-T 载体在 4 ℃条件下连接 20 h。连接产物转化大肠杆菌超级感受态细胞，涂布于添加了 IPTG 及 X-gal 的氨苄霉素 LB 平板上。37 ℃培养 14 h 后，挑取白色单菌落，进行 PCR 验证及质粒提取后 *Eco*RI酶切验证，选取阳性克隆送华大基因（北京）测序。

3.2.3　质粒验证提取及酶切验证体系

3.2.3.1　反应体系（20 μL）

PCR 反应体系成分如表 3-7 所示。

表 3-7　PCR 反应体系成分

组分	体积（20 μL）
正向引物	1 μL
反向引物	1 μL
超纯水	13.8 μL
dNTP	1 μL
Buffer	2μL
Taq DNA 聚合酶	0.2 μL
模板（菌体）	1 μL

3.2.3.2 PCR 反应程序

如表 3-8 所示。

表 3-8 PCR 扩增条件

预变性	扩增				延伸
	变性	退火	延伸	循环数	
94 ℃，5 min	94 ℃，30 s	48.5 ℃，30 s	72 ℃，1 min	30	72 ℃，10 min

3.2.3.3 单酶切验证体系（10 μL）

内切酶 0.2 μL，10×Buffer 1 μL，质粒 1 μL，ddH_2O 7.8 μL，37 ℃酶切 3 h。

3.2.3.4 双酶切验证体系（10 μL）

两种内切酶各 0.2 μL，10×Buffer 1 μL，质粒 1 μL，ddH_2O 7.6 μL（添加 1 μL BSA 则加入 ddH_2O 6.6 μL），37 ℃酶切 3 h。

3.2.3.5 双酶切回收体系（20 μL）

两种内切酶各 0.5 μL，10×Buffer 2 μL，质粒 2 μL，ddH_2O 14 μL（添加 2 μL BSA 则加入 ddH_2O 12 μL），37 ℃酶切 3 h。

3.2.3.6 质粒提取（碱裂解法）

见附录 B。

3.2.4 大肠杆菌表达宿主 Rosetta 感受态制备及质粒构建转化方法

3.2.4.1 感受态制备

将甘油管保存的大肠杆菌表达宿主 Rosetta 划线于 LB 平板培养基上，37 ℃，培养 16 h。挑取单菌落于 10 mL LB 液体培养基中，37 ℃，200 r/min 摇床培养过夜。取 50 μL 过夜培养菌液加入 50 mL 氯霉素 LB 液体培养基中，37 ℃，200 r/min 摇床培养 4 h。将菌液放于冰上 30 min，倒入提前预冷的离心管中，4 ℃，4000 r/min，离心 5 min，弃上清。加入 10 mL 预冷的 0.1 mol/L $CaCl_2$ 重悬浮细胞，放置冰上 30 min，4 ℃，4000 r/min，离心 5 min，弃上清。加入 1 mL 预冷的 0.1 mol/L $CaCl_2$ 重悬浮细胞，制成大肠杆菌感受态细胞。

3.2.4.2 转化反应

1.5 mL 离心管中装入 100 μL 感受态细胞，将连接产物或携带目的 DNA 片段的载体加入感受态细胞中，冰浴 30 min，42 ℃热激 90 s，冰浴 2 min，加入 0.5 mL 的 LB 培养基（无抗生素），37 ℃，200 r/min 摇床培养 1 h 后离心弃上清，取菌体涂布于含有相应抗生素的 LB 平板上，37 ℃培养 12 h。

3.2.4.3 表达载体的构建

以测序结果正确的质粒为模板，设计带有酶切位点的引物进行 PCR 扩增。PCR 产物经琼脂糖凝胶电泳分离纯化后回收目的条带并连接 pGM-T 载体，连接产物转化超级感受态，选取阳性克隆，验证并测序。测序结果正确后，将所获得的质粒以及 pET30b 质粒经 *Nde* Ⅰ/*Xho* Ⅰ分别双酶切后用 1%琼脂凝胶电泳分离酶切后 DNA 片段并回收。将酶切后的 pET30b 载体与磷脂酶 D 基因经 T4 DNA 连接酶在 4 ℃条件下连接 20 h 后，连接产物转化大肠杆菌超级感受态细胞，涂布于卡那霉素 LB 平板上，37 ℃培养 14 h，挑取白色单菌落，进行 PCR 验证及质粒提取后双酶切验证。

3.2.5 磷脂酶 D 密码子优化

对磷脂酶 D 基因进行密码子优化，在不改变氨基酸序列的情况下获得优化后的核苷酸序列，并送与华大基因（北京）公司合成。

3.2.6 磷脂酶 D 的诱导表达及表达条件的优化

将含有表达载体的大肠杆菌接种于 5 mL 含卡那霉素抗性的液体 LB 培养基中，37 ℃，200 r/min 条件下培养过夜。转接 200 μL 过夜培养菌液于 50 mL 含卡那霉素抗性的液体 LB 培养基中，37 ℃，200 r/min 条件下振荡培养至 OD_{600} 为 0.5 左右时，加入 IPTG（终浓度为 0.2 mmol/L），16 ℃，

150 r/min 条件下诱导培养过夜。

通过单因素实验，分别对温度（16 ℃、25 ℃、30 ℃、37 ℃）、诱导时间（5 h、10 h、15 h、20 h）和添加 IPTG 终浓度（0.2 mmol/L、0.5 mmol/L、1 mmol/L）进行优化，破碎细胞取上清液通过 SDS-PAGE 检测可溶性蛋白表达量，确定最佳诱导条件。

3.2.7 磷脂酶 D 酶活测定

取 50 mL 菌液，5000 r/min 离心，弃上清。10 mL 超纯水重悬菌体，5000 r/min 离心，弃上清。加入磷酸盐缓冲溶液，超声破碎，频率 400 Hz，超声 3 s 并间隔 3 s，总超声时间为 15 min，12000 r/min 离心 20 min 测定活性，测定方法见 2.2.4。

3.2.8 SDS-PAGE 电泳

取 1 mL 菌液 12000 r/min 离心，弃上清，加适量上样缓冲液，沸水浴 10 min，离心后取上清进行 SDS-PAGE 电泳鉴定总蛋白。检测可溶性蛋白时，取细胞破碎上清 500 μL，真空旋干至 50 μL，加入 50 μL 上样缓冲液，沸水浴 10 min，离心后取上清进行 SDS-PAGE 电泳鉴定。

3.2.9 RNA 反转录及实时定量 PCR 检测

取实验组、对照组 RNA 8 μL，加 DNase Ⅰ Reaction Buffer 1 μL、DNase Ⅰ 1 μL，混匀。37 ℃ 消化 25～30 min 后，加入 200 mmol/L EDTA 0.5 μL，65 ℃、20 min 终止酶反应。

加入反转录引物 5 μL、dNTP 2 μL、DEPC 水 1.5 μL，混匀后 70 ℃反应 5 min，冰上放置 2 min。加入 5×Reverse Transcriptase M-mLV Buffer 5 μL、Reverse Transcriptase M-mLV 1 μL，42℃反应 60 min，95 ℃反应 5 min。合成的 cDNA 经 DEPC 水稀释后直接使用或保存于-80 ℃冰箱中。选取管家基因 16S rRNA 作为内参基因。以 cDNA 为模板，使用 SYBR

Premix Ex Taq II（Tli RNaseH Plus）试剂进行实时定量 PCR 反应，反应体系为 20 μL。反应条件如表 3-9 所示。

表 3-9 PCR 扩增条件

预变性	扩增			
	变性	退火	延伸	循环数
95 ℃，5 min	95 ℃，20 s	50 ℃，15 s	72 ℃，15 s	50

3.3 结果与讨论

3.3.1 磷脂酶 D 基因的筛选与克隆

通过比对链霉菌 PMF、色褐链霉菌、大肠杆菌、棒状杆菌磷脂酶 D 氨基酸序列，并依据 *Bacillus cereus* 4342 基因组序列，获取蜡状芽孢杆菌中与上述多种不同来源磷脂酶 D 具有相似特异性保守序列的基因（大小为 1212 bp）。

依据 *Bacillus cereus* 4342 中磷脂酶 D 序列设计不同的扩增引物，并以菌株 *Bacillus cereus* ZY12 中提取的 DNA 为模板，经 PCR 验证目的基因是否存在于 *Bacillus cereus* ZY12 中。实验结果如图 3-1（a）所示：PCR 扩增得到大小为 220 bp 目的条带（引物为 BC-*PLD*-RT-478-F 和 BC-*PLD*-RT-679-R）；图 3-1（b）所示：PCR 扩增得到大小为 730 bp 目的条带（引物为 BC-*PLD*-RT-478-F 和 BC-*PLD*-1184-R）。将所克隆的基因片段分别与 pGM-T 载体连接，经转化大肠杆菌，PCR 验证［图 3-1（c）］后提取质粒并进行双酶切［图 3-1（d）］进一步鉴定后，将阳性重组质粒进行测序。测序结果经过序列比对，确定所获得的基因片段为目标基因。

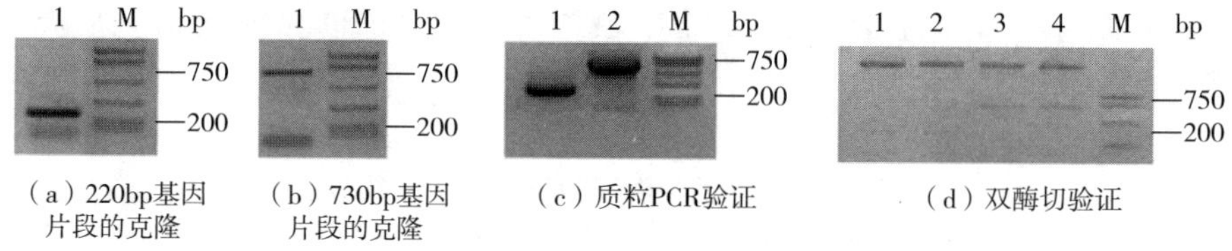

（a）220bp基因片段的克隆　（b）730bp基因片段的克隆　（c）质粒PCR验证　（d）双酶切验证

图 3-1　*Bacillus cereus* ZY12 磷脂酶 D 部分基因克隆及验证

M—DNA marker

依据 *Bacillus cereus* 4342 基因组设计引物（BC-*PLD*-FL-1271-F 和 BC-*PLD*-FL-2776-R）PCR 扩增 *Bacillus cereus* ZY12 磷脂酶 D 全长基因序列［图 3-2（a）］，并将 PCR 扩增产物连接至 pGM-T 载体中并转化大肠杆菌感受态细胞。经蓝白斑筛选，选取白色克隆进行 PCR 验证［图 3-2（b）］后，提取阳性质粒并进行 *Eco*RI 酶切验证［图 3-2（c）］。以此阳性克隆为模板，设计引物（BC-*PLD*-FL-*Nde* Ⅰ-F 、BC-*PLD*-FL-*Xhol* Ⅰ-R 和 BC-*PLD*-FL-SM-*Xhol* Ⅰ-R）并在 5′及 3′端引入酶切位点以及将终止密码子进行突变，PCR 扩增结果如图 3-2（d）所示。将获得的加入了酶切位点以及突变和未突变终止密码子的 PCR 产物分别克隆至 pGM-T 载体，经 PCR 鉴定后［图 3-2（e）］，提取阳性克隆质粒，并做进一步 *Eco*R Ⅰ酶切验证［图 3-2（f）］。

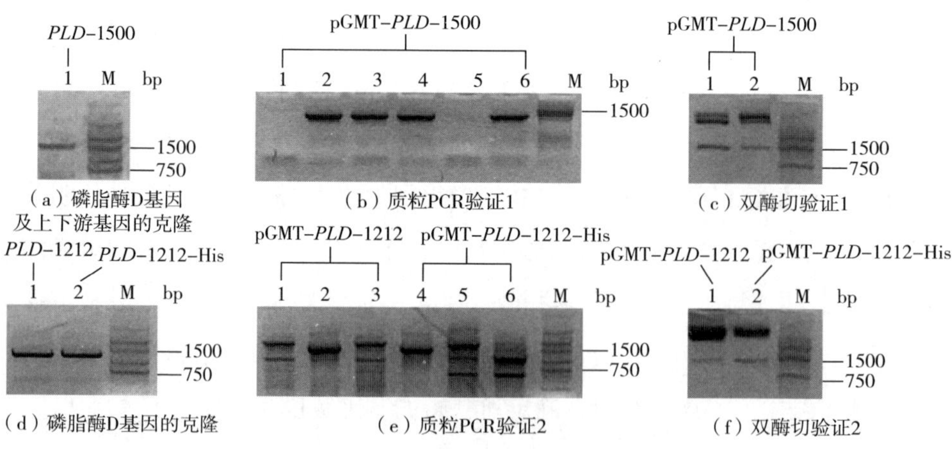

（a）磷脂酶D基因及上下游基因的克隆　（b）质粒PCR验证1　（c）双酶切验证1

（d）磷脂酶D基因的克隆　（e）质粒PCR验证2　（f）双酶切验证2

图 3-2　*Bacillus cereus* ZY12 磷脂酶 D 全长基因克隆及验证

M—DNA marker

将目的基因编码的氨基酸序列与文献报道的多种微生物来源磷脂酶 D 氨基酸序列进行系统进化树分析，结果如图 3-3 所示。目的基因与 *Acinetobacter radioresistens* 磷脂酶 D 亲缘较近，与链霉菌属磷脂酶 D 亲缘较远。原因可能是链霉菌属于放线菌，与细菌来源的蜡状芽孢杆菌或不动杆菌在菌株亲缘中关系较远，导致同种功能的蛋白序列差别较大。其中 4 个链霉菌属磷脂酶 D 间隔也较远，主要是因为在链霉菌中存在两大类磷脂酶 D，一类具有两个 HKD 保守序列（如 *Streptomyces*. PMF 和 *Streptoverticillium*. *Cinnamonium*），另一类不含有 HKD 保守序列（如 *Streptomyces*. *Virginiae* 和 *Streptomyces*. *Xanthophaeus*），但这两种不同类型的序列都具有磷脂酶 D 的活性。因此这两类磷脂酶 D 功能相似，但序列差别较大，亲缘关系较远。

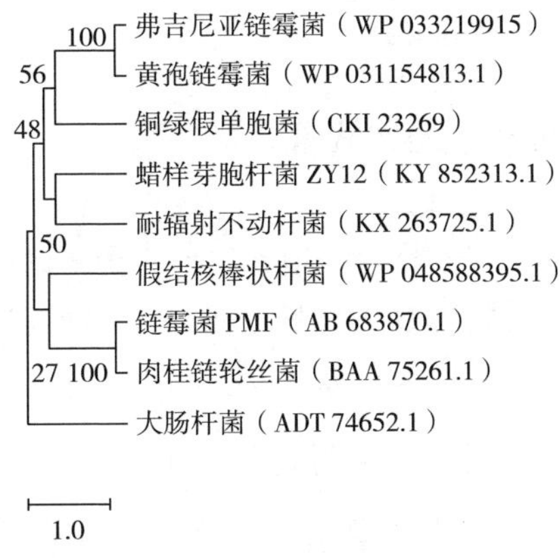

图 3-3 不同来源磷脂酶 D 蛋白序列分析

通过对目的基因的序列进行分析，发现该基因具有磷脂酶 D 的两个 HKD 活性保守区域［图 3-4（a）］，同时通过与多种链霉菌属磷脂酶 D 进行序列比对发现这两个 HKD 结构域具有高度的保守性［图 3-4（b）］。

目前对链霉菌 PMF 磷脂酶 D 功能研究最为深入，催化过程中位于 N 端 HKD 保守序列中的 His170 具有亲核作用，与 Asp473 形成氢键后帮助质子分离，位于 C 端 HKD 保守序列中的 His443 与 Asp202 形成氢键可以帮助质子分离。而这些对磷脂酶 D 催化活性具有重要作用的氨基酸同样存在于

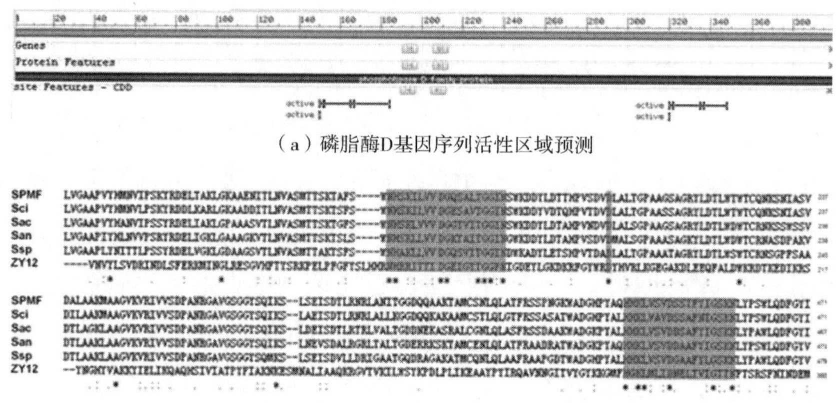

（a）磷脂酶D基因序列活性区域预测

（b）不同来源，磷脂酶基因序列比对结果

图 3-4 *Bacillus cereus* ZY12 *PLD* 序列分析及其与链霉菌属 *PLD* 基因序列比对

所克隆的目的基因的两个 HKD 保守序列内，因此推断该基因可能为 *Bacillus cereus* ZY12 的磷脂酶 D 基因。

3.3.2 磷脂酶 D 基因转录差异验证

前期实验结果表明，*Bacillus cereus* ZY12 培养在以蛋黄为唯一碳氮源的培养基中，能够检测到磷脂酶 D 的活性，进一步的实验证实，蛋黄中卵磷脂为关键的诱导物。RT-PCR 结果显示［图 3-5（a）］，*Bacillus cereus* ZY12 磷脂酶 D 在蛋黄培养基中的表达量明显大于其在 LB 培养基中的表达量。

实时定量 PCR 的结果进一步证实了蛋黄中的诱导物对 *Bacillus cereus* ZY12 磷脂酶 D 表达的诱导作用。如图 3-5（b）所示，在 IL 培养基中的菌体，磷脂酶 D 的表达量明显高于对照组（LB 培养基），而在对照组（LB 培养基）中，磷脂酶 D 基因几乎不表达。将对照组（LB 培养基）中菌体转移至 IL 培养基中继续培养，磷脂酶 D 的表达量随培养时间的延长而逐渐提高。这说明在 LB 培养基中，磷脂酶 D 的表达受到抑制，当加入诱导物后，表达量才开始逐步提升。但初始培养在 LB 培养基中，后转接至 IL 培养基中的菌体，尽管与持续培养在 LB 培养基中菌体相比，*Bacillus cereus* ZY12 磷脂酶 D 的表达量有极大的提升，但其表达量仍低于持续培养在 IL 培养基中的菌体所表达的磷脂酶 D 的量。这可能是由于 LB 培养基中一些未被消耗

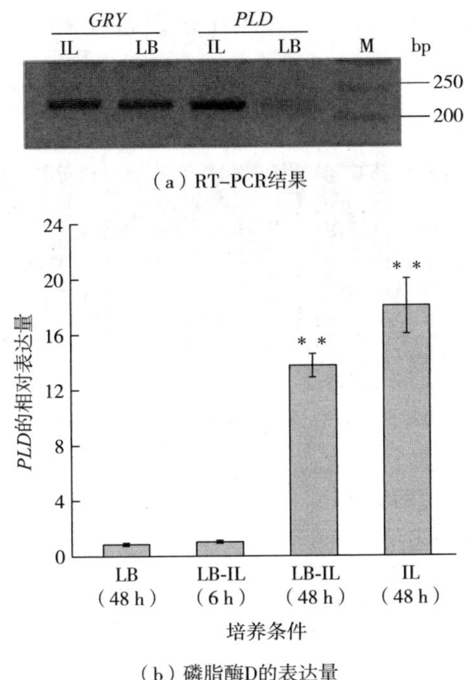

图 3-5　不同培养基中 *Bacillus cereus* ZY12 *PLD* 表达量差异分析

的营养成分在短时间内仍会抑制磷脂酶 D 基因的表达所造成的。

3.3.3　*Bacillus cereus* ZY12 磷脂酶 D 基因密码子优化后在大肠杆菌中异源表达情况分析

将克隆得到的 *Bacillus cereus* ZY12 磷脂酶 D 基因在大肠杆菌中诱导表达，经 SDS-PAGE 及 Western blot 检测，在 45 kD 条带附件，均未发现目的蛋白的合成。同时在大肠杆菌胞内及胞外均检测不到磷脂酶 D 的活性，说明该基因未能在大肠杆菌中正常表达。分析 *Bacillus cereus* ZY12 磷脂酶 D 基因序列（GenBank：KY852313），发现其中存在多个大肠杆菌表达的稀有密码子，而这些稀有密码子极有可能会影响外源基因在大肠杆菌中的异源表达。

在 *Bacillus cereus* ZY12 磷脂酶 D 基因序列中，使用频率低于 10%的密码子占密码子总数的 0.99%，在序列中出现 4 次；使用频率低于 20%的密码子占密码子总数的 2.23%，在序列中出现 9 次；使用频率低于 50%的密码子占密码子总数的 27.98%，在序列中出现超过 80 次，同时存在 7 个负反馈抑制区域（图 3-6）。因此通过全基因序列密码子的优化，有可能实现

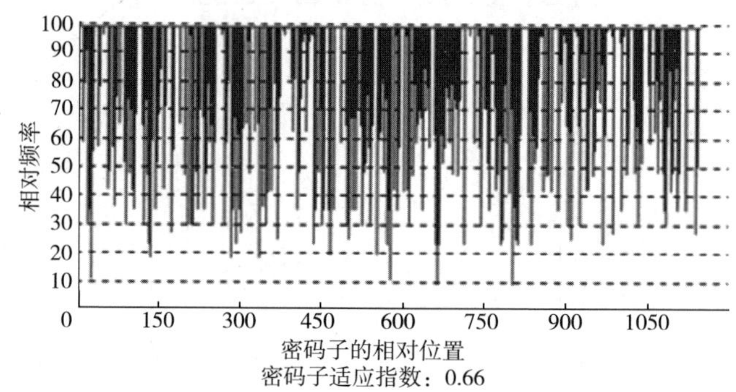

（a）初始磷脂酶D基因中各密码子在大肠肝菌中使用频率

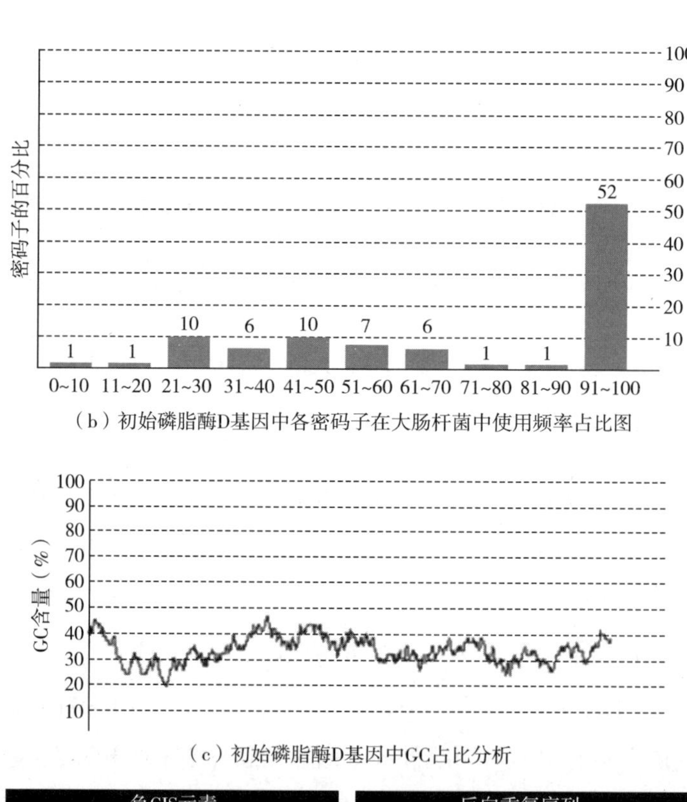

（b）初始磷脂酶D基因中各密码子在大肠杆菌中使用频率占比图

（c）初始磷脂酶D基因中GC占比分析

负CIS元素	反向重复序列
7	0

（d）初始磷脂酶D基因中负反馈抑制区域分析

图 3-6　原始序列分析结果

Bacillus cereus ZY12 磷脂酶 D 在大肠杆菌中的正常表达。密码子优化后 *Bacillus cereus* ZY12 磷脂酶 D 的序列分析结果如图 3-7 所示，在不改变氨基酸序列的基础上，所有使用频率低于 50%的密码子均被替换为使用频率高于 50%的大肠杆菌偏好性密码子。同时 GC 含量由之前的 33. 28%提高到 45. 84%。反馈抑制区域由原始序列中的 7 处，经密码子优化后减少到 1 处（图 3-7）。

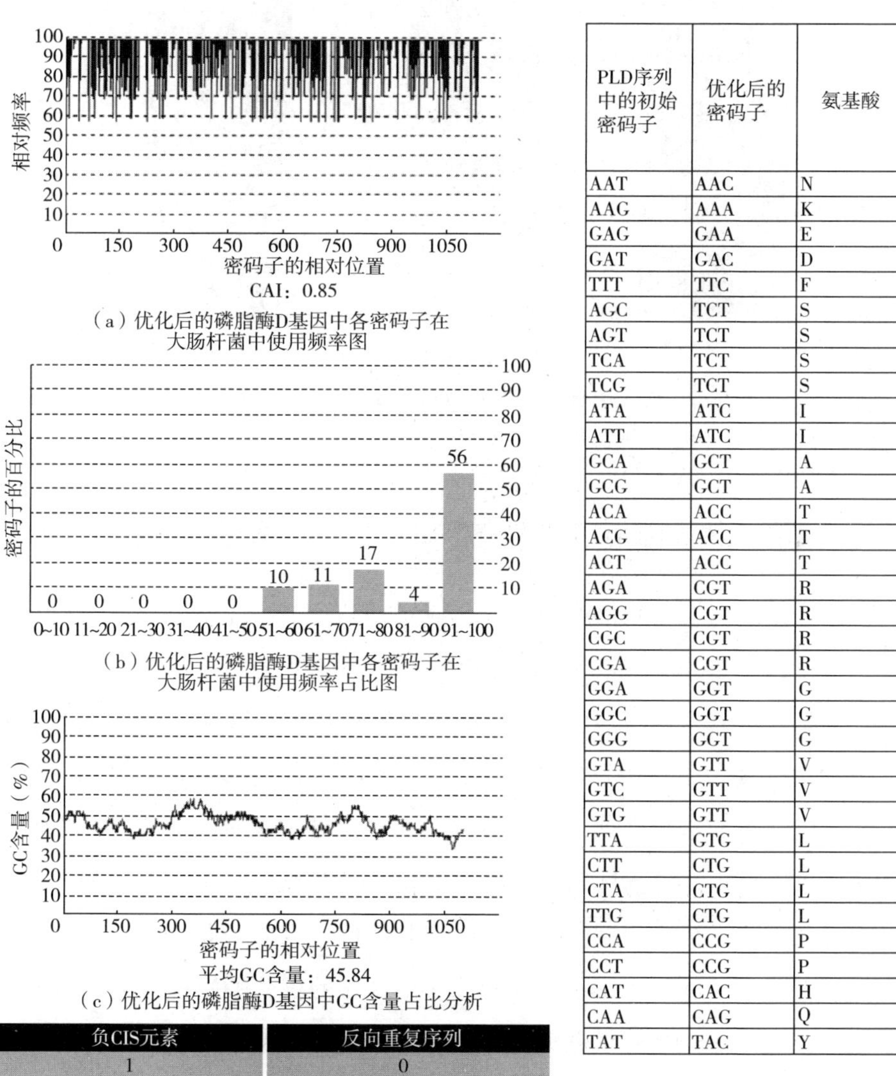

PLD序列中的初始密码子	优化后的密码子	氨基酸
AAT	AAC	N
AAG	AAA	K
GAG	GAA	E
GAT	GAC	D
TTT	TTC	F
AGC	TCT	S
AGT	TCT	S
TCA	TCT	S
TCG	TCT	S
ATA	ATC	I
ATT	ATC	I
GCA	GCT	A
GCG	GCT	A
ACA	ACC	T
ACG	ACC	T
ACT	ACC	T
AGA	CGT	R
AGG	CGT	R
CGC	CGT	R
CGA	CGT	R
GGA	GGT	G
GGC	GGT	G
GGG	GGT	G
GTA	GTT	V
GTC	GTT	V
GTG	GTT	V
TTA	GTG	L
CTT	CTG	L
CTA	CTG	L
TTG	CTG	L
CCA	CCG	P
CCT	CCG	P
CAT	CAC	H
CAA	CAG	Q
TAT	TAC	Y

图 3-7 优化后序列分析结果

通过密码子优化，理论上磷脂酶 D 的表达量应该提高，但 SDS-PAGE 结果显示，在预测条带 45 kD 大小附近，优化后的磷脂酶 D 在更换不同表达载体后仍无法在大肠杆菌中正常表达［载体 pET30b 如图 3-8（a）所示；载体 pET28a 图 3-8（b）所示；载体 pET32a 图 3-8（c）所示］。

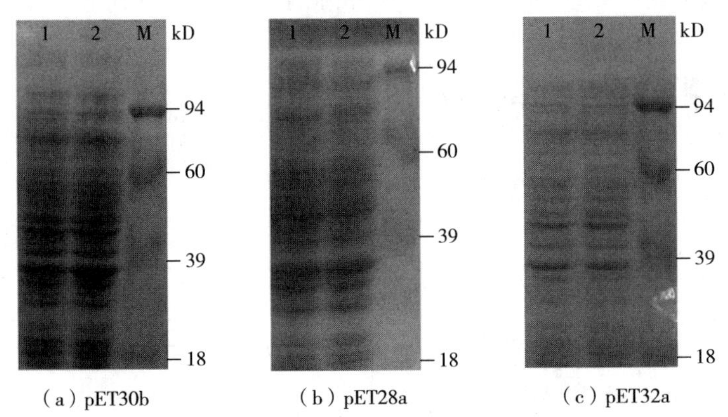

（a）pET30b　　（b）pET28a　　（c）pET32a

图 3-8　SDS-PAGE 分析不同载体中优化后 *PLD* 表达情况

1—携带优化后磷脂酶 D 基因的表达载体条带　2—空载体　M—蛋白分子量标准

3.3.4　解除反馈抑制后磷脂酶 D 基因在大肠杆菌中异源表达情况的分析

在碱基序列中，7 个或 7 个以上连续的腺苷酸（A）相连、6 个或 6 个以上连续的胸腺嘧啶（T）相连，这种多个相同碱基相连形成的序列被称为反馈抑制区域。这一区域会使核糖体与该碱基序列对应的 RNA 结合过程中滑动性越过个别碱基，造成后续密码子错位，最终影响蛋白表达。分析密码子优化后的基因序列，发现其中仍存在 1 处反馈抑制区域。如图 3-9 所示，实线框内标注的序列为密码子优化后仍存在的反馈抑制区域，虚线框内标注的序列为优化后解除的反馈抑制区域。为验证是否这 1 处反馈抑制区域造成了磷脂酶 D 的表达失败，将该区域的核苷酸序列通过 PCR 进行了定点突变（编码赖氨酸的密码子由 AAA 突变为 AAG）。由于 AAG 在大肠杆菌中为稀有密码子，因此设计了 3 种定点突变类型。

通过 3 种不同碱基突变组合策略（AAGAAAATC、AAAAAGATC、AA-

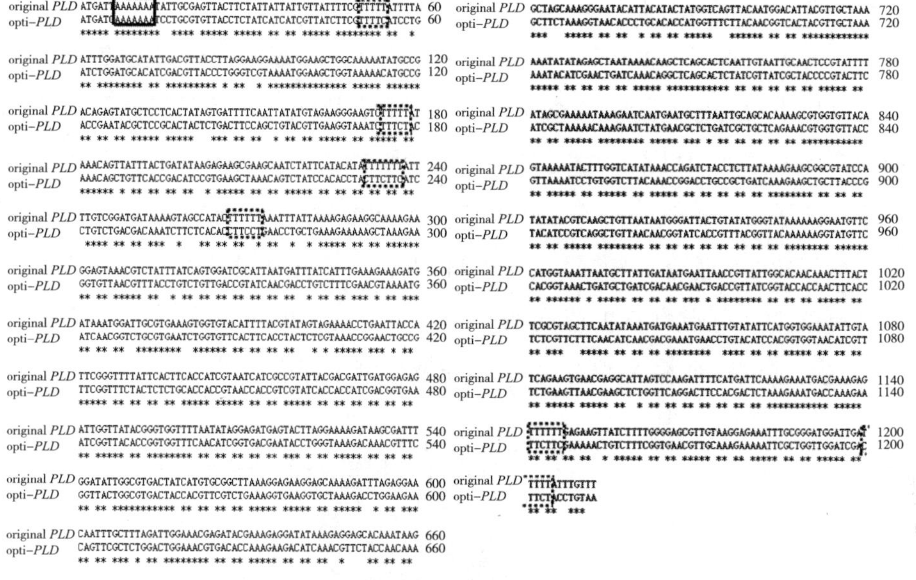

图 3–9　密码子优化前后磷脂酶 D 基因序列分析

注：优化前后磷脂酶 D 基因中相同核苷酸下方用 * 标记。

GAAGATC)，与含有原始反馈抑制区域 AAAAAAATC 的磷脂酶 D 基因相比较，分析反馈抑制区的解除，对磷脂酶 D 表达量是否存在影响。如图 3–10 所示，经 SDS–PAGE 以及 Western blot 分析，与其他 3 组序列（第 1 泳道：AAGAAAATC、第 2 泳道：AAAAAGATC、第 3 泳道：AAAAAAATC）相比，只有基因序列为 AAGAAGATC（第 4 泳道）时，才能够实现 *Bacillus cereus* ZY12 磷脂酶 D 在大肠杆菌中的异源表达，磷脂酶 D 全长蛋白大小为 45 kD 左右。这一结果也验证了在大肠杆菌表达体系中，反馈抑制区域的存在会减少目的基因的表达。同时结果显示，解除反馈抑制后虽然使用了大肠杆菌稀有密码子，但表达量仍有显著提高。说明与序列中稀有密码子相比，反馈抑制区的存在对目的基因的异源表达量影响更严重。

3.3.5　截除 N 端疏水序列后磷脂酶 D 基因在大肠杆菌中异源表达情况的分析

通过密码子优化、反馈抑制区域解除（图 3–10），最终实现了 *Bacillus*

cereus ZY12 磷脂酶 D 在大肠杆菌中的异源表达，但其表达量仍处于较低的水平。为进一步提高 *Bacillus cereus* ZY12 磷脂酶 D 在大肠杆菌中的表达量，经过分析不同物种磷脂酶 D 的基因序列发现，微生物来源的磷脂酶 D 在 N 端的氨基酸序列相对不保守。对链霉菌磷脂酶 D 的研究显示，N 端的不保守序列离活性区域较远，其主要功能与调控磷脂酶 D 的表达有关，而 C 端氨基酸序列相对保守，距离活性区域较近，与催化活性相关。通过多种不同来源微生物磷脂酶 D 的氨基酸序列比对发现，*Bacillus cereus* ZY12 磷脂酶 D 的氨基酸序列在 N 端有 22 个氨基酸序列不保守。

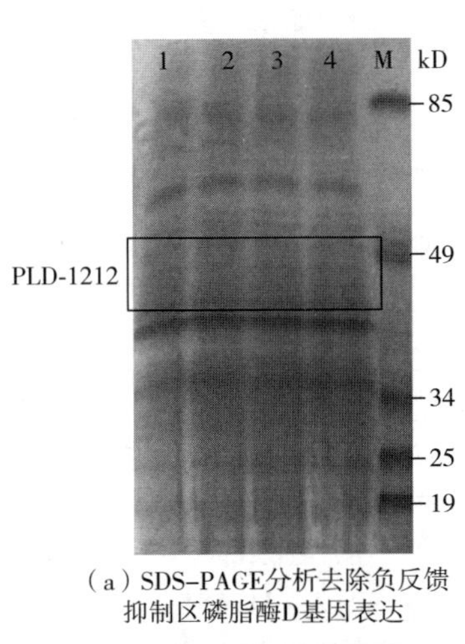

（a）SDS-PAGE分析去除负反馈抑制区磷脂酶D基因表达

（b）Western blot分析去除负反馈抑制区磷脂酶D基因表达

图 3-10　反馈抑制区域去除的优化后 *PLD* 表达情况

1—空载体　2—磷脂酶 D-A9G　3—磷脂酶 D-A12G
4—磷脂酶 D-A9G+A12G　M—蛋白分子量标准

利用在线预测分析氨基酸序列特性（主要包括亲水性、疏水性及信号肽分析），结果显示 *Bacillus cereus* ZY12 磷脂酶 D 的 N 端不存在信号肽，第 11 位至第 22 位氨基酸为连续疏水性氨基酸［图 3-11（a）］，该结果与链霉菌 PMF 磷脂酶 D 氨基酸序列分析结果相似［图 3-11（b）］，即 N 端无信号肽，第 14 号至第 37 号氨基酸为连续性疏水氨基酸。有文献报道，只

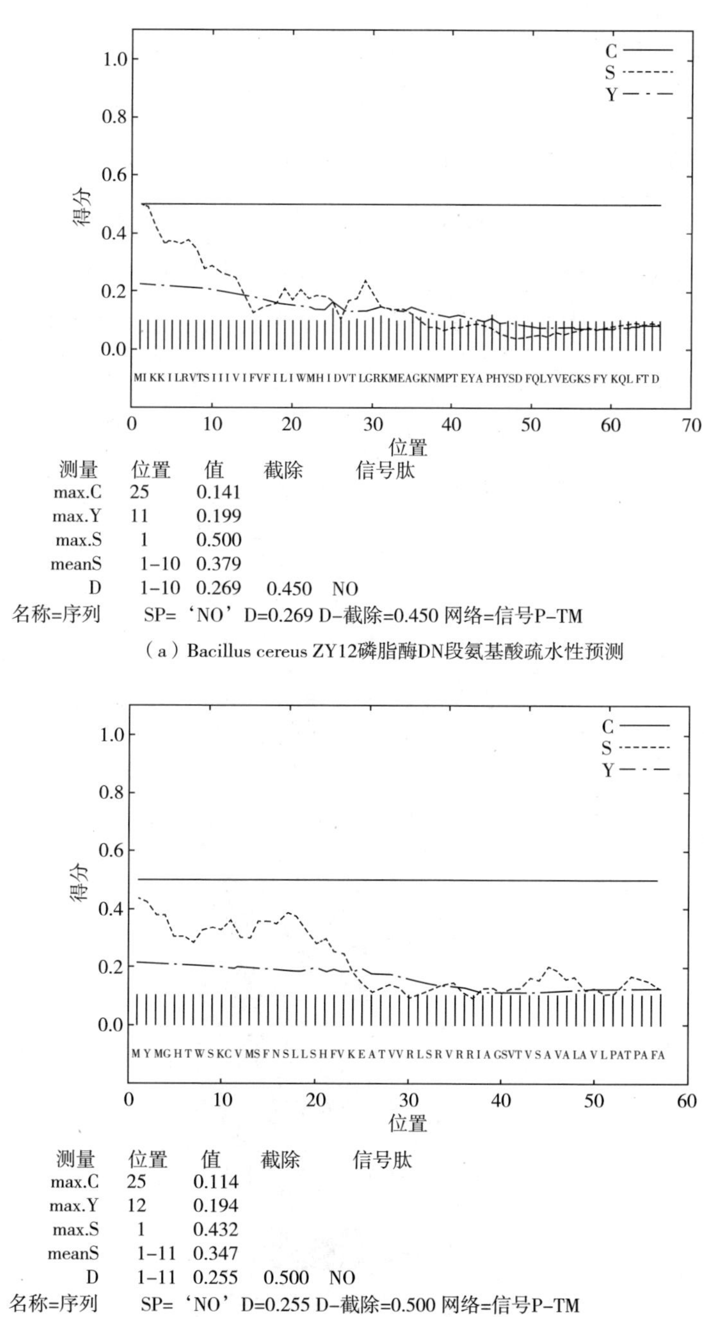

（a）Bacillus cereus ZY12磷脂酶DN段氨基酸疏水性预测

（b）链酶菌脂酶DN段氨基酸疏水性预测

图 3-11 优化后 *PLD* 基因与 PMF *PLD* 基因碱基极性分析

有截除该疏水序列，链霉菌 PMF 磷脂酶 D 基因才能在大肠杆菌中高效表达，且改造后的磷脂酶 D 酶活不受影响。据此，设计引物，利用 PCR 扩增，将 *Bacillus cereus* ZY12 磷脂酶 D 的 N 端疏水区域截除，并利用在线蛋白结构预测网站，对比 *Bacillus cereus* ZY12 磷脂酶 D 及截除 N 端疏水序列后磷脂酶 D（去除前 22 个氨基酸）的蛋白空间结构。结果显示，活性区域的分子空间结构无明显变化，因此推测截除 N 端疏水序列不会影响 *Bacillus cereus* ZY12 磷脂酶 D 的催化活性，模拟结果见附录 C。

如图 3-12 所示，SDS-PAGE 以及 Western blot 结果显示：将 *Bacillus cereus* ZY12 磷脂酶 D 的原始序列及优化后序列（密码子及反馈抑制区域优化）的 N 端 66 个碱基截除后，均能够在大肠杆菌中实现高效表达，截短后磷脂酶 D 蛋白大小为 43 kD 左右。这一结果说明，N 端的连续疏水氨基酸序列是影响 *Bacillus cereus* ZY12 磷脂酶 D 在大肠杆菌中高效表达的主要因素。与此相比，序列中存在稀有密码子或反馈抑制区域对其在大肠杆菌中的表达影响并不显著。

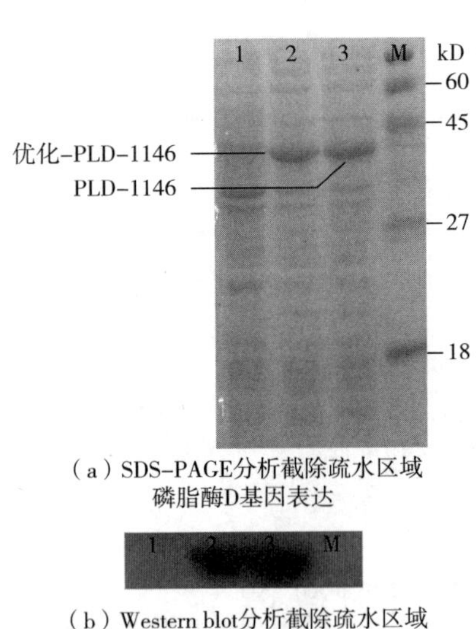

（a）SDS-PAGE分析截除疏水区域磷脂酶D基因表达

（b）Western blot分析截除疏水区域磷脂酶D基因表达

图 3-12　疏水区域截除后优化前后 *PLD* 表达情况

1—空载体　2—截除疏水区域的优化后磷脂酶 D　3—截除疏水区域的未优化磷脂酶 D　M—蛋白分子量标准

3.3.6　全长磷脂酶 D 及 N 端截除后磷脂酶 D 的活性分析

磷脂酶 D 是一类酯键水解酶，其在细胞体内的大量累积，会使细胞膜水解导致菌体溶解破裂，因此微生物会利用不同的机制在转录以及翻译水平上调控磷脂酶 D 的表达及催化活性。

由于 *Bacillus cereus* ZY12 磷脂酶 D 的 N 端连续疏水序列会严重抑制其在大肠杆菌中的表达，而截除该段疏水序列后，可实现磷脂酶 D 的大量表达。因此，有必要对截除 N 端连续疏水序列后的磷脂酶 D 的催化活性进行检测，避免大肠杆菌所表达改造后的 *Bacillus cereus* ZY12 磷脂酶 D 的催化活性受到影响。磷脂酶 D 的表达及催化活性结果如图 3-13 所示，当磷脂酶 D 的 N 端疏水序列被截除后，其表达量与全长磷脂酶 D 的表达量相比，有了极大的提升。而在相同发酵条件的单位体积发酵液中，磷脂酶 D 活性增加近 9 倍。

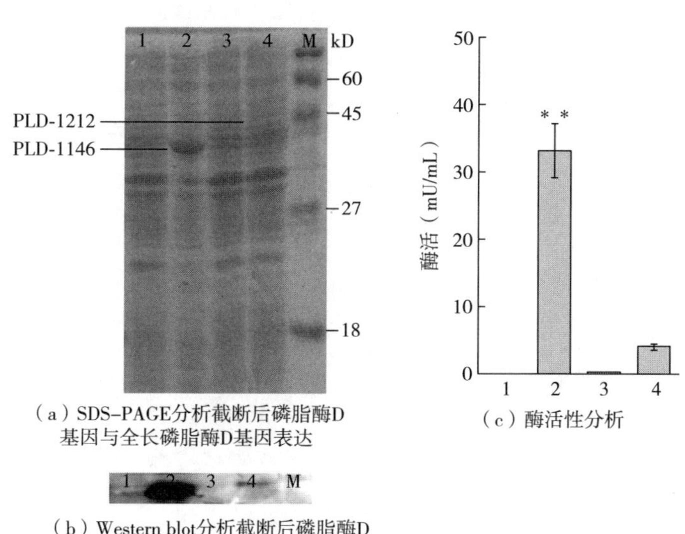

（a）SDS-PAGE分析截断后磷脂酶D基因与全长磷脂酶D基因表达

（b）Western blot分析截断后磷脂酶D基因与全长磷脂酶D基因表达

（c）酶活性分析

图 3-13　截断后 *PLD* 与全长 *PLD* 表达量及活性

1—空载体　2—截除疏水区域的优化后磷脂酶 D　3—优化后全长磷脂酶 D

4—去除两个负反馈抑制区域的全长优化后磷脂酶 D　M—蛋白分子量标准

3.4 本章小结

通过序列比对，活性区域分析，在 *Bacillus cereus* ZY12 中获取了长度为 1212 bp 的磷脂酶 D 基因。通过对该基因的表达特征检测，证实其表达与培养基营养成分组成以及诱导物的存在密切相关。

密码子优化前后磷脂酶 D 基因在大肠杆菌中均不表达，反馈抑制区域解除后，全长磷脂酶 D 基因在大肠杆菌中少量表达，但酶活较低。N 端疏水区域截除后，磷脂酶 D 基因能够在大肠杆菌中高效表达。与全长序列相比，N 端疏水区域截除后，在同等发酵条件下，单位体积菌体中酶活提高近 9 倍 。

第4章　HKD活性区域的分子改造对 *Bacillus cereus* ZY12 磷脂酶D催化活性的影响

磷脂酶D通常存在两个HKD保守序列，并以单体形式催化反应的进行。在少数原核生物中，磷脂酶D只有一个HKD保守序列，这类磷脂酶D会通过形成二聚体产生催化活性。通过序列分析发现，*Bacillus cereus* ZY12磷脂酶D靠近N端的HKD保守序列中K（赖氨酸）被R（精氨酸）所取代。通过酵母双杂交以及Native-PAGE实验发现，*Bacillus cereus* ZY12磷脂酶D不能形成二聚体，因此该磷脂酶D是以单体的形式产生催化作用的。为验证N端HKD保守序列对磷脂酶D活性的影响，利用PCR技术，将R定点突变为K，恢复为磷脂酶D经典的两个HKD保守序列。结果发现突变后的 *Bacillus cereus* ZY12磷脂酶D活性提高了10%左右，而其在大肠杆菌中的表达量和稳定性无显著变化。

4.1　实验材料

4.1.1　实验仪器与设备

仪器名称：AKAT蛋白纯化仪，由华仪仪器有限公司生产，型号为AKAT 100，其余实验仪器与设备见表3-1。

4.1.2　实验试剂

试剂名称：Adenine，L-histidine，由Solarbio公司生产，其余实验试剂见表 3-2。

4.1.3 实验菌株及质粒

实验菌株及质粒如表 4-1 所示。

表 4-1 实验菌株及质粒

菌株名称	用途	来源
E. coli DH5α	分子克隆、质粒提取	全式金
E coli BL21（DE3）Lyss	蛋白表达	实验室保藏
酵母 AH109	酵母转运	实验室保藏
pGMT	克隆载体	克隆载体
pET30b	表达载体	实验室保藏
pGBK	酵母双杂交载体	实验室保藏
pGAD	酵母双杂交载体	实验室保藏
pET30b-*PLD*-1146-His-m		实验室构建
pGAD-*PLD*-1212		实验室构建
pGAD-*PLD*-1146		实验室构建
pGBK-*PLD*-1212		实验室构建
pGBK-*PLD*-1146 实验室构建		

4.1.4 定点突变引物序列

引物序列如表 4-2 所示。

表 4-2 定点突变引物序列

引物名称	碱基序列（5′→3′）
PLD-RMK-F	CGTAACCACCGTAAAATCACCACCATC
PLD-RMK-R	GATGGTGGTGATTTTACGGTGGTTACG
30b-*PLD*-1212-F	GCCATATGATCAAAAAAATCCTGCG

续表

引物名称	碱基序列（5′→3′）
30b-*PLD*-1146-F	GCCATATGCACATCGACGTTACCCT
30b-*PLD*-His-R	GCCTCGAGTTACAGGTAGAAGTCGATCC
30b-*PLD*-R	GCCTCGAGTCACAGGTAGAAGTCGATCC

注　F：正向引物；R：反向引物。画线部分是突变的基础。

4.1.5　培养基和试剂的配制

4.1.5.1　培养基配制

SD/-Trp-Leu 培养基（g/L）：无氨基酸酵母基础氮源 6.7，葡萄糖 20，腺苷酸 0.04，组氨酸 0.02。

SD/-Trp-Leu-His 培养基（g/L）：无氨基酸酵母基础氮源 6.7，葡萄糖 20，腺苷酸 0.04。

培养基灭菌条件：高压蒸汽灭菌，121 ℃，20 min。

4.1.5.2　试剂配制

细胞裂解液：1 mol/L Tris-HCl（pH 7.5）10 mL，0.365 g EDTA，0.7 g NaCl，2.5 mL SDS（10%）混匀，定容至 50 mL，常温保存。

SDS-PAGE：SDS-PAGE 分离胶、浓缩胶配方见表 4-3。

表 4-3　SDS-PAGE 分离胶、浓缩胶配方

组成成分	10%分离胶	4%浓缩胶
超纯水	4.85 mL	3.16 mL
40%Acr/Bic（37.5∶1）	2.5 mL	0.5 mL
1.5 mol/L Tris · HCl（pH 8.8）	2.5 mL	—
0.5 mol/L Tris · HCl（pH 6.8）	—	1.26 mL
10% SDS	100 μL	50 μL
10% AP（过硫酸铵）	50 μL	25 μL
TEMED	5 μL	5 μL

Native-PAGE：Native-PAGE 分离胶、浓缩胶配方见表 4-4。

表 4-4　Native-PAGE 分离胶、浓缩胶配方

组成成分	10%分离胶	4%浓缩胶
超纯水	4. 85 mL	3. 16 mL
Acr/Bic（37. 5∶1）	2. 5 mL	—
Acr/Bic（3∶1）	—	2. 5 mL
KOH	0. 06 mol/L	0. 06 mol/L
醋酸	0. 376 mol/L	0. 063 mol/L

Native-PAGE 电泳缓冲液：0. 14 mol/L 2-丙氨酸，0. 35 mol/L Ac，pH 4. 5。注意事项：正负极倒置装配。

溶胶液：异硫氰酸胍 141. 79 g，Tris-base 0. 48 g，定容至 200 mL 蒸馏水中，调至 pH 6. 6，4 ℃保存。

蛋白含量测定：100 mg 考马斯亮蓝 G250，100 mL 磷酸，50 mL 95%乙醇，定容至 1000 mL 蒸馏水中（考马斯亮蓝染料乙醇溶解后，依次加入磷酸、水，混匀后，滤纸过滤，4 ℃保存）。

还原型 5XSDS 上样缓冲液［0. 25 mol/L Tris · HCl（pH 6. 8），0. 5 mol/L 二硫叔糖醇，10% SDS，0. 5% 溴酚蓝，50% 甘油］：2. 5 mL 0. 5 mol/L Tris · HCl（pH 6. 8），0. 39 g 二硫叔糖醇（DTT，M_W 154. 5），0. 5 g SDS，0. 025 g 溴酚蓝，2. 5 mL 甘油，混匀后，分装于 1. 5 mL 离心管中，4 ℃保存。

电泳缓冲液（25 mmol/L Tris，0. 25 mol/L 甘氨酸，0. 1% SDS）：3. 03 g Tris（M_W121. 14），18. 77 g 甘氨酸（M_W 75. 07），1 g SDS，定容至 100 mL 蒸馏水中。

电转缓冲液（48 mmol/L Tris，39 mmol/L 甘氨酸，0. 037% SDS，20%甲醇）：2. 9 g 甘氨酸（M_W 75. 07），5. 8 g Tris（M_W 121. 14），0. 37 g SDS，200 mL 甲醇，定容至 100 mL 蒸馏水中。

TBS 缓冲液［100 mmol/L Tris · HCl（pH 7. 5），150 mmol/L NaCl］：

10 mL 1 mol/L Tris · HCl（pH 7.5），8.8 g NaCl，定容至 1000 mL 蒸馏水中。

TBST 缓冲液（含 0.05% 吐温-20 的 TBS 缓冲液）：1.65 mL 20% 吐温-20，700 mL TBS，混匀后即可使用，最好现用现配。

封闭液：2 g 脱脂奶粉溶于 40 mL TBST 中，现用现配。

洗脱抗体缓冲液（100 mmol/L 2-巯基乙醇，2% SDS，62.5 mmol/L Tris · HCl，pH 6.8）：14.4 mol/L 2-巯基乙醇（β-巯基乙醇）700 μL（通风橱里加），2 g SDS。

12.5 mL 0.5 mol/L Tris · HCl（pH 6.8），定容至 100 mL 超纯水中。配制时，在通风橱内进行。4 ℃保存。可重复使用 1 次。

显影液与定影液：按产品说明，现用现配。

4.2 实验方法

4.2.1 酵母双杂交质粒构建

磷脂酶 D 基因完整序列（*PLD*-1212）及 N 端 66 个碱基缺失序列（*PLD*-1146），通过 PCR 引入 *Nde* I/*Xho* I 两个酶切位点（实验室前期工作）。*Nde* I/*Xho* I 酶切经 PCR 扩增后胶回收的 *PLD*-1212 和 *PLD*-1146 片段以及 pGAD 载体，将酶切后两个目的基因分别与载体 pGAD 连接并转化大肠杆菌，经 PCR 及酶切鉴定，获得质粒 pGAD-*PLD*-1212 以及 pGAD-*PLD*-1146。同时，*Nde* I/*Sal* I（*Sal* I 与 *Xho* I 具有相同黏性末端）双酶切 pGBK 质粒，并将上一步酶切后两个目的基因分别与载体 pGBK 连接并转化大肠杆菌，经 PCR 及酶切鉴定，获得质粒 pGBK-*PLD*-1212 以及 pGBK-*PLD*-1146。

4.2.2 蛋白质相互作用检测

pGAD-*PLD*-1212+pGBK-*PLD*-1212 以及 pGAD-*PLD*-1146+pGBK-*PLD*-1146 分别共转化 AH109 酵母感受态细胞。将转化后的细胞涂布于 SD/-Trp-Leu 固体培养基上，28 ℃培养 2 d，观察菌落生长情况。挑取 SD/-Trp-Leu 固体培养基上单菌落于 SD/-Trp-Leu 液体培养基中，150 r/min、28 ℃培养 48 h，取 1 mL 菌液离心，去上清，菌体涂布于 SD/-Trp-Leu-His 固体培养基上，28 ℃培养 2 d 观察菌落生长情况。

4.2.3 基因序列定点突变

利用重叠延伸 PCR 对磷脂酶 D 基因进行定点突变（引物见表 4-4，突变碱基下画线标注）。PCR 反应程序参照表 3-6。PCR 产物进行琼脂糖凝胶电泳（浓度为 1%），选择目的条带，切胶回收后连接 pGM-T 载体（4 ℃连接过夜）后转化大肠杆菌 DH5α 感受态细胞。将菌液均匀涂布在含有氨苄霉素（100 mg/mL）的 LB 固体培养基上，37 ℃培养过夜，筛选阳性转化子。质粒经 PCR 以及酶切鉴定后，送北京华大基因研究中心进行测序。

4.2.4 磷脂酶 D 的分离纯化

Ni^{2+}-NTA 亲和层析柱预先以两倍柱体积的 PBS（pH 7.0）平衡。取 50 mL 诱导后表达添加了组氨酸标签的 *Bacillus ceeus* ZY12 磷脂酶 D（PLD-1146-His）的工程菌菌液，离心收集菌体；10 mL 超纯水重悬菌体，离心收集菌体；10 mL PBS（pH 7.0）缓冲液重悬菌体，300 W 超声波破碎（工作时间 1 s，间歇时间 3 s，工作总时间 10 min）；将破碎的菌悬液离心，取上清液 2 mL 加入 Ni^{2+}-NTA 亲和层析柱，4 ℃孵育 1 h；应用 AKTA 蛋白纯化仪进行线性洗脱，洗脱液含 20 mmol/L 磷酸盐，0.5 mol/L 氯化钠，0.5 mol/L 咪唑，pH 7.4；SDS-PAGE 电泳检测峰值时蛋白纯度，以截留分子质量 10 kD 的透析袋在 PBS（pH 7.0）缓冲液中透析该洗脱液，4 ℃过夜去除咪唑；采用 Bradford 法检测蛋白质浓度。

4.2.5　LB 固体培养基诱导方法

取 IPTG 16 μL（0.1 mol/L）均匀涂布于 LB 固体培养基表面，吸取 20 μL 大肠杆菌基因工程菌液（$A_{600}=0.3$），置于涂有 IPTG 的 LB 固体培养基上，16 ℃培养 2 d，观察菌落生长情况。

4.2.6　Native-PAGE 凝胶电泳

凝胶由 15%分离胶和 4%浓缩胶组成；Native MARK 未染色蛋白质标准确定蛋白质的分子量；电泳液在非还原条件下进行，200 V 恒压 40 min。

4.3　结果与讨论

4.3.1　N 端疏水区域截除后磷脂酶 D 活性检测

前期实验结果显示，全长 *Bacillus cereus* 磷脂酶 D 基因（*PLD*-1212）序列无法在大肠杆菌中大量表达。将其 N 端前 22 个疏水性氨基酸整体截除后，实现了 N 端疏水序列截除后的磷脂酶 D 基因（*PLD*-1146）在大肠杆菌中的高效表达，且仍具有酶活。

为更直观验证截短后磷脂酶 D 的催化活性，将含该基因质粒的大肠杆菌培养在 LB 固体培养基中，与未添加 IPTG 诱导的大肠杆菌基因工程菌相比，经 IPTG 诱导后的工程菌菌落有菌体自溶现象（菌落中出现透明区域），箭头标示透明区域，如图 4-1 所示。而生长在未添加 IPTG 培养基上的携带截短 *PLD* 基因的大肠杆菌；或是生长在添加 IPTG 培养基上的携带空载体的大肠杆菌，菌落生长均正常，在菌落中未产生透明区域。推测这一现象是由于大肠杆菌表达系统没有相应的外排体系，异源表达的磷脂酶 D 在细胞内大量积累，水解磷脂类物质后造成了细胞膜的水解，导致细胞破裂死亡，产生透明区域。该现象进一步说明 N 端疏水序列截除后的磷脂酶 D 能够在大肠杆菌中表达并具有活性。

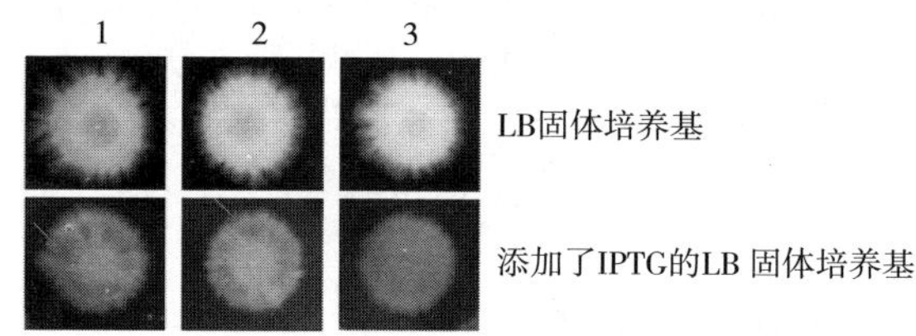

图 4-1　表达 PLD 基因的大肠杆菌出现菌体自溶现象

1—携带带有组氨酸标签的截断后磷脂酶 D 基因的大肠杆菌

2—携带截断后磷脂酶 D 基因的大肠杆菌　3—携带空载体的大肠杆菌

通过镍柱纯化获得带有组氨酸标签的重组 N 端疏水序列截除后的磷脂酶 D（*PLD*-1146-His）。纯化后样品经 SDS-PAGE、Western blot 检测结果如图 4-2 所示。纯化后可获得纯度较高的目的蛋白质，4 ℃透析除去咪唑后，可测定蛋白质浓度及活性。实验中构建表达载体时，为方便后续纯化，将磷脂酶 D 的终止密码子突变，使翻译可以继续进行。在目的蛋白 C 端添加组氨酸标签，与未添加组氨酸标签的磷脂酶 D 比较，在表达量、酶活等方面无明显差异，表明组氨酸的添加不会影响磷脂酶 D 的催化活性及表达特征。

4.3.2　磷脂酶 D 活性形式的解析

磷脂酶 D（*PLD*-1146）经大肠杆菌异源表达后具有催化活性，为进一步提高 *Bacillus cereus* 磷脂酶 D 的活性，分析 *PLD*-1146 的氨基酸序列发现该磷脂酶 D 具有两个 HKD 活性区域，但靠近 N 端的 HKD 保守序列的 K（赖氨酸）被 R 所（精氨酸）取代，如图 4-3 所示。

HKD 活性区域是磷脂酶 D 关键的保守序列，磷脂酶 D 需要通过两个 HKD 的相互作用才能产生催化活性。多数磷脂酶 D 具有两个 HKD 活性区域，以单体的形式催化反应的进行。少数原核磷脂酶 D 只具有 1 个 HKD

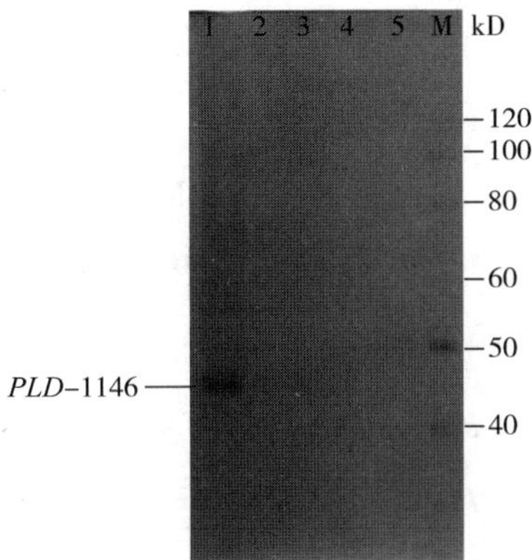

（a）SDS-PAGE分析镍柱纯化后带有组氨酸标签的截断后磷脂酶D

（b）Western blot分析镍柱纯化后带有组氨酸标签的截断后磷脂酶D

图 4-2　SDS-PAGE 检测纯化蛋白

1—纯化后带有组氨酸标签的截断后磷脂酶 D　2～5—穿刺峰 M—蛋白分子量标准

MIKKILRVTSIIIVIFVFILIWMHIDVTLGRKMEAGKNMPTEYAPHYSDFQLYVEGKSFYKQLFTDIREAKQSIH
TYFFILSDDKSSHTFLNLLKEKAKEGVNVYLSVDRINDLSFERKMINGLRESGVHFTYSRKPELPFGFYSLHHR
N*HRRITTID*GEIGYTGGFNIGDEYLGKDKRFGYWRDYHVRLKGEGAKDLEEQFALDWKRDTKEDIKRSTNK
ASKGNTLHTMVSYNGHYVAKKYIELIKQAQHSIVIATPYFIAKNKESMNALIAAQKRGVTVKILWSYKPDLPL
IKEAAYPYIRQAVNNGITVYGYKKGMF*HGLMLID*NELTVIGTTNFTSRSFNINDEMNLYIHGGNIVSEVNE
ALVQDFHDSKEMTKEFFEKLSFGERCKEKFAGWIDFYL

图 4-3　PLD 保守序列分析

注：标注下划线的氨基酸为活性中心被取代氨基酸。

活性区域，必须形成同源二聚体才能催具有活性。

在 *Bacillus cereus* ZY12 磷脂酶 D 中，由于 N 端的 HKD 保守序列的 K（赖氨酸）被 R（精氨酸）所取代，为验证这一突变是否会改变磷脂酶 D 的活性形式。因此利用酵母双杂交、变性及非变性 PAGE 对 *PLD*-1212 以及 *PLD*-1146 是否会形成二聚体进行了检测，用以判断 *Bacillus cereus* ZY12 磷脂酶 D（*PLD*-1212 以及 *PLD*-1146）是否通过二聚体的形式行使催化功能。通过构建酵母双杂交载体（图 4-4），并转化酵母 AH109 感受态细胞，发现转化了 pGAD-*PLD*-1212+pGBK-*PLD*-1212 以及 pGAD-*PLD*-1146+pGBK-*PLD*-1146 质粒的酵母细胞均无法在 SD/-Trp-Leu-His 的氨基酸三缺培养基上生长（图 4-5），进而证实了无论是 *PLD*-1212 还是 *PLD*-1146 均无法形成二聚体。即该磷脂酶 D 尽管 N 端 HKD 保守序列中的 K（赖氨酸）被 R（精氨酸）所取代，但仍具有 HKD 序列的催化活性，使得 *Bacillus cereus* ZY12 磷脂酶 D 可以通过单体的形式发挥作用。

为进一步确认酵母双杂交实验结果，证实 *Bacillus cereus* ZY12 磷脂酶 D 无法形成二聚体，利用 Native-PAGE 对纯化后的 *PLD*-1146 进行验证。如图 4-6 所示，纯化后的 *PLD*-1146 在 Native-PAGE 胶上能观察到一条大于 39 kD、小于 66 kD 的条带，与 SDS-PAGE 条带大小接近（图 4-2），因此进一步确定该酶无法形成二聚体。*Bacillus cereus* ZY12 磷脂酶 D 是以单体的形式催化反应的进行。

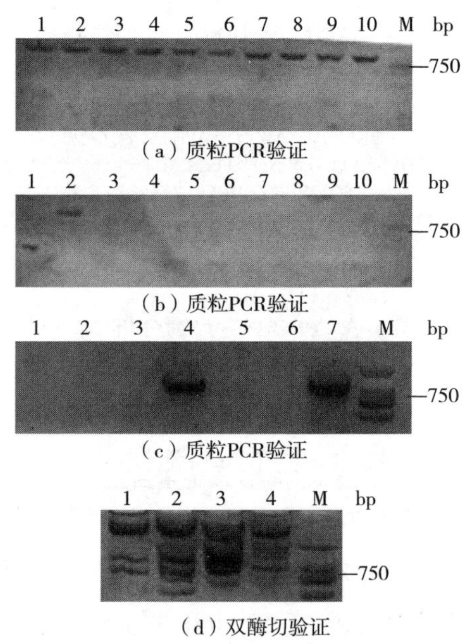

（a）质粒PCR验证

（b）质粒PCR验证

（c）质粒PCR验证

（d）双酶切验证

图 4-4　酵母双杂交质粒验证

（a）1~5—pGAD-*PLD*-1212　6~10—pGAD-*PLD*-1146　（b）1~5—pGBK-*PLD*-1212　6~10—pGBK-*PLD*-1146　（c）1~7—pGBK-*PLD*-1146 *PLD*-R primers　（d）1—pGAD-*PLD*-1146　2—pGBK-*PLD*-1212　3—pGBK-*PLD*-1146　4—pGAD-*PLD*-1212　M—DNA marker

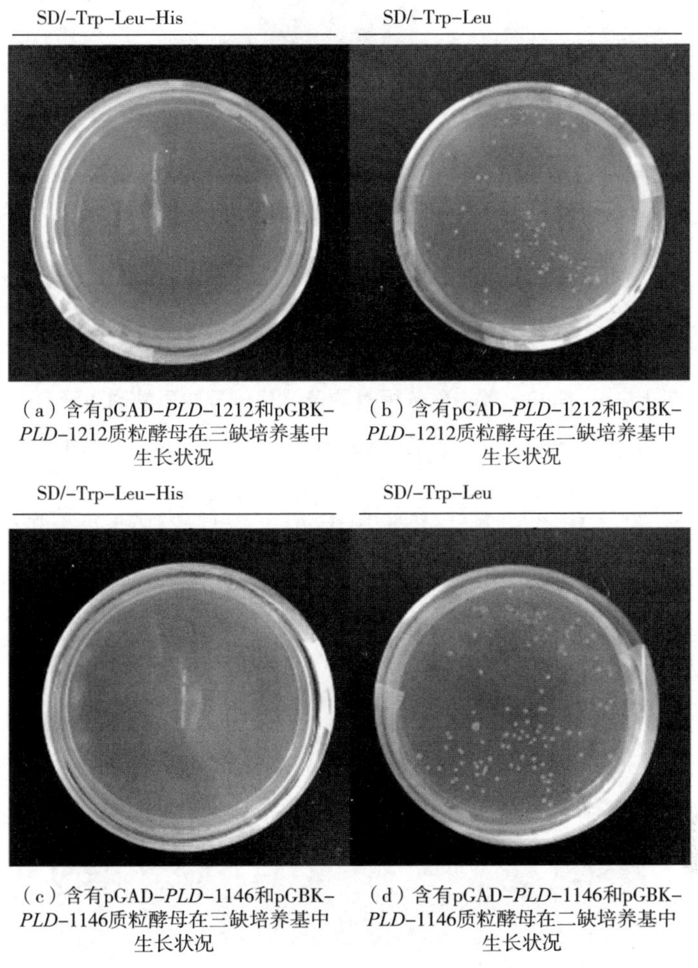

（a）含有pGAD-*PLD*-1212和pGBK-*PLD*-1212质粒酵母在三缺培养基中生长状况

（b）含有pGAD-*PLD*-1212和pGBK-*PLD*-1212质粒酵母在二缺培养基中生长状况

（c）含有pGAD-*PLD*-1146和pGBK-*PLD*-1146质粒酵母在三缺培养基中生长状况

（d）含有pGAD-*PLD*-1146和pGBK-*PLD*-1146质粒酵母在二缺培养基中生长状况

图 4-5　酵母双杂交验证蛋白互作

4.3.3　HKD 区域定点突变对磷脂酶 D 活性的影响

PLD-1146 由于是通过单体的形式进行催化反应，其靠近 N 端 HKD 保守序列中的 K→R 变化可能会影响磷脂酶 D 的催化活性。为验证这一 HKD 序列改变（K→R）对其活性的影响，利用重叠延伸 PCR 技术对磷脂酶 D 靠近 N 端 HKD 保守序列进行突变，将 R（精氨酸）突变回保守的 HKD 序列中的 K（赖氨酸）。将突变后的磷脂酶 D（*PLD*-1146-His-m 以及 *PLD*-

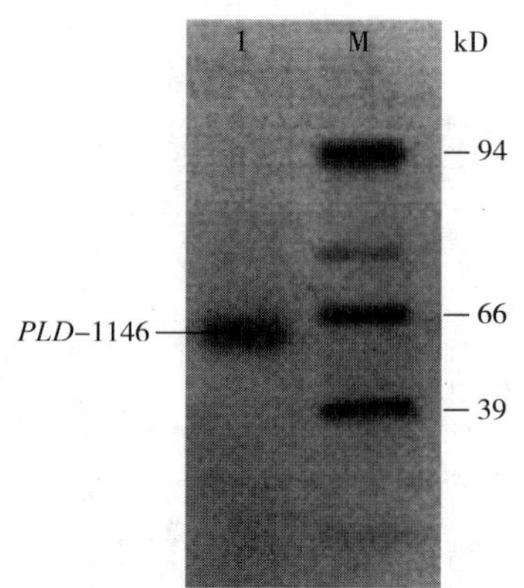

图 4-6 Native PAGE 分析 N 端疏水序列截除后的磷脂酶 D

1—纯化 PLD-1146-His 蛋白 2—Native PAGE 蛋白分子量标准

1146-m）转化 pGM-T 载体，经酶切后克隆至大肠杆菌表达载体 pET30b 并转化大肠杆菌表达宿主细胞。过程如图 4-7 所示。

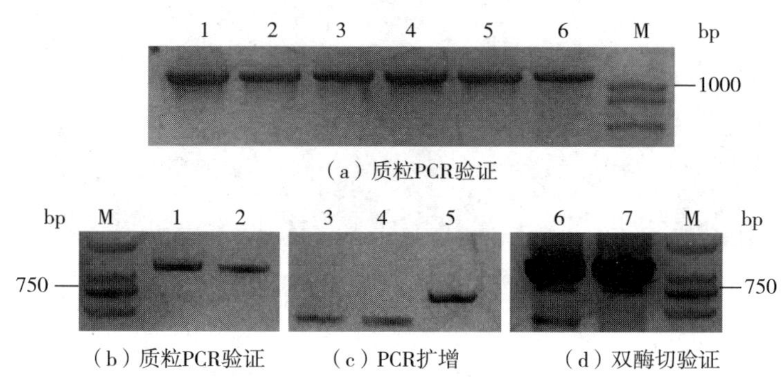

图 4-7 定点突变质粒构建验证

（a）1～3—pGMT-*PLD*-1146-His-m 4～6—pGMT-*PLD*-1146-m

（b）1—pET30b-*PLD*-1146-His-m 2—pET30b-*PLD*-1146m

（c）3—*PLD*-399-His 4—*PLD*-399 5—*PLD*-795

（d）1—pET30b-*PLD*-1146-His-m 2—pET30b-*PLD*-1146m

与 *PLD*-1146-His 在大肠杆菌中的表达相比，突变后的 *PLD*-1146-His-m 在大肠杆菌中表达过程中的菌体生长状况以及可溶性蛋白表达量均无明显变化（图 4-8）。而在蛋白质浓度相同情况下，与 *PLD*-1146-His 相比，突变后的 *PLD*-1146-His-m 活性提高 10% 左右（图 4-9）。同时，比较

PLD-1146-His 和 *PLD*-1146-His-m 的酶热稳定性、pH 敏感性、4 ℃储存半衰期以及 4 ℃储存 2 d、4 d、10 d 后酶活下降幅度，差异均不显著。

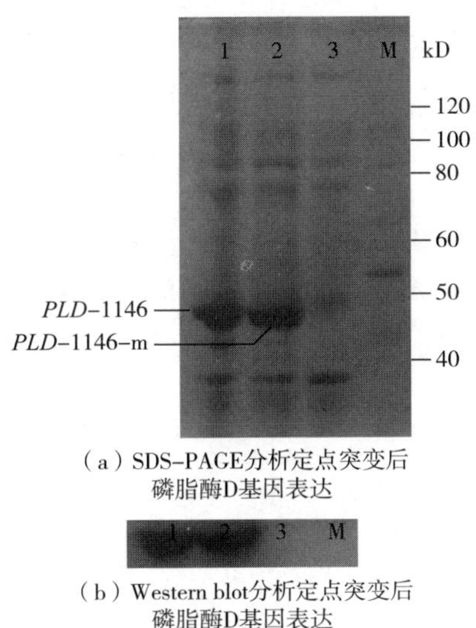

图 4-8　定点突变后 PLD 表达情况分析

1—*PLD*-1146-His　2—*PLD*-1146-His-m　3—空载体　M—蛋白分子量标准

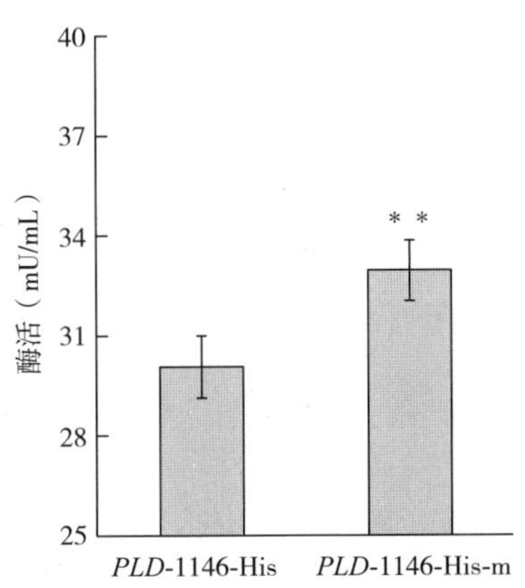

图 4-9　突变后 *PLD* 活性检测

多数情况下，单个氨基酸的改变对异源表达量的影响较小，但保守序列 HKD 中关键氨基酸的缺失对活性影响非常大。其中 N 端及 C 端的两个 HKD 保守序列中 H（组氨酸）和 D（天冬氨酸）为活性必需氨基酸，将其定点突变为性质相似的其他氨基酸后，均会导致磷脂酶 D 活性的丧失。但关于 HKD 保守序列中 K（赖氨酸）的缺失对活性影响方面的报道较少，推测 K（赖氨酸）在维持磷脂酶 D 空间构型上具有一定的作用，但其缺失并不会对磷脂酶 D 的活性产生决定性的影响。

为初步验证定点突变后蛋白质空间结构是否发生改变，将两段氨基酸序列（突变前后）利用在线蛋白结构模拟进行分析，获得预测的蛋白三维结构图。与原始序列的蛋白结构相比，突变后的蛋白模拟结构无明显变化。但由于提供的磷脂酶 D 序列与网站中已有序列相似性均低于 30%，一般认为此时模拟的蛋白结构准确性较差，导致单个氨基酸的改变，不会影响最终模拟结果。因此定点突变后蛋白空间结构是否改变，仍需要其他实验进一步验证。

4.4 本章小结

酵母双杂交以及 Native-PAGE 实验结果证明 *PLD*-1212 以及 *PLD*-1146 均不能形成二聚体，推断 *Bacillus cereus* ZY12 磷脂酶 D 以单体形式催化反应的进行。

将 *PLD*-1146 靠近 N 端 HKD 保守序列中 R（精氨酸）突变回 K（赖氨酸）后，酶活提高 10%左右。

第 5 章　*Bacillus cereus* ZY12 磷脂酶 D 基因融合及磷脂酰丝氨酸合成工艺的研究

Bacillus cereus ZY12 磷脂酶 D 基因，通过多次分子改造后（密码子优化、反馈抑制区域的解除、N 端连续疏水序列的截除、HKD 活性区域的回补），能够在大肠杆菌中高效表达，并且酶活性逐步提高。为进一步提高 *Bacillus cereus* ZY12 磷脂酶 D 的催化活性，将 *Bacillus cereus* ZY12 磷脂酶 D 基因与 *Streptomycete* PMF 磷脂酶 D 基因相融合，期待获得具有高催化活性的 *Bacillus cereus* ZY12 磷脂酶 D。

5.1　实验材料

5.1.1　实验仪器与设备

实验仪器与设备如表 5-1 所示，其余实验仪器与设备见表 3-1。

表 5-1　实验仪器与设备

仪器名称	生产商	型号
层析缸	上海生工玻璃仪器厂	15 cm
点样器	上海生工玻璃仪器厂	25 μL

5.1.2　实验试剂

试剂名称：铝箔薄层色谱层析板，由科森色谱科技有限公司生产，其余实验试剂见表 3-2。

5.1.3 实验菌株及质粒

实验菌株及质粒如表 5-2 所示。

表 5-2 实验菌株及质粒

质粒名称	来源
pET30b-*PLD*-1020	实验室构建
pET30b-*PLD*-1392	实验室构建
pET30b-*PLD*-1434	实验室构建
pET30b-*PLD*-1216	实验室构建

5.1.4 定点突变引物序列

重叠延伸引物序列如表 5-3 所示。

表 5-3 重叠延伸引物序列

引物名称	碱基序列（5′→3′）
BC-*PLD*384-R	GCCATATGGTTACGGTGGTGCAGAGAGT
PMF-*PLD*495-F	GCCATATGCACTCTAAAATCCTGGTGGT
BC-*PLD*1019-F	CTAGGTTGCTTACGGTTCGGAAAGCTGC
PMF-*PLD*1259-R	CTAGGTTGATTGCTCGATGCTTTACGGTA
PMF-*PLD*-F	GCTGACTCTGCTACACCGCA
PMF-*PLD*-R	CGACTGAGACGATGTGGCGT
BC-*PLD*-F	CGCATATGCACATCGACGTTACCCT
PMF-*PLD*-F	GCGCCGACTCGGCCACCCCGCA
PMF-*PLD*501-F	GCTCCAAGATCCTCGTGGTCGA

注 F：正向引物，R：反向引物。

5.1.5 培养基和试剂的配制

展开剂组成及配比：异丙醇：水=10：1（%，体积百分数）。

5.2　实验方法

5.2.1　最适反应温度的测定

在 5 mL 离心管中分别加入 1 mL 酶液、0.25 g L-丝氨酸、25 μL PC/乙醚、1 mL 乙醚，分别在 28 ℃、37 ℃、40 ℃以及 45 ℃的条件下振荡反应 1 h 后，薄层层析检测磷脂酰丝氨酸的生成。

5.2.2　最适反应 pH 的测定

用磷酸二氢钠和磷酸氢二钠配置 pH 分别为 4.5、5.0 以及 5.5 的缓冲液。将菌液 4500 r/min 转速下离心 5 min 后收集菌体，洗涤并重悬于不同 pH 缓冲液中，细胞破碎 15 min。菌体破碎离心（10000 r/min，15 min）后获得上清酶液。在 5 mL 离心管中分别加入 1 mL 酶液、0.25 g L-丝氨酸、25 μL PC/乙醚、1 mL 乙醚，放入 37 ℃振荡反应 1 h。薄层层析检测磷脂酰丝氨酸的生成。

5.2.3　最适反应时间的测定

5 mL 离心管中分别加入 1 mL 在 pH 5.0 的缓冲液中提取破碎后的菌体上清酶液、0.25 g L-丝氨酸、25 μL PC/乙醚、1 mL 乙醚，45 ℃条件下分别振荡反应 1 h、2 h、3 h 以及 4 h。反应完毕后薄层层析检测磷脂酰丝氨酸的生成。

5.2.4　*Bacillus cereus* ZY12 磷脂酶 D 基因融合方法

5.2.4.1　磷脂酶 D-1020 构建方法

以 *Streptomycete* PMF 磷脂酶 D 基因为模板，通过 PCR（PMF-*PLD*501-

F；PMF-*PLD*-R）扩增将前 501 个碱基截除。

5.2.4.2 磷脂酶 D-1392 构建方法

通过重叠延伸 PCR 技术（BC-*PLD*384-R；PMF-*PLD*495-F），将 *Bacillus cereus* ZY12 磷脂酶 D（*PLD*-1146）前 372 个碱基与磷脂酶 D-1020 连接。

5.2.4.3 磷脂酶 D-1434 构建方法

通过重叠延伸 PCR 技术（BC-*PLD*1019-F；PMF-*PLD*1259-R），将 *Bacillus cereus* ZY12 磷脂酶 D 后 294 个碱基替换磷脂酶 D-1392 后 252 个碱基。

5.2.4.4 磷脂酶 D-1216 构建方法

磷脂酶 D-1216 是利用 PCR 扩增（PMF-*PLD*-F；PMF-*PLD*1259-R），将 *Streptomycete* PMF 磷脂酶 D 后 252 个碱基截断，如图 5-1 所示。

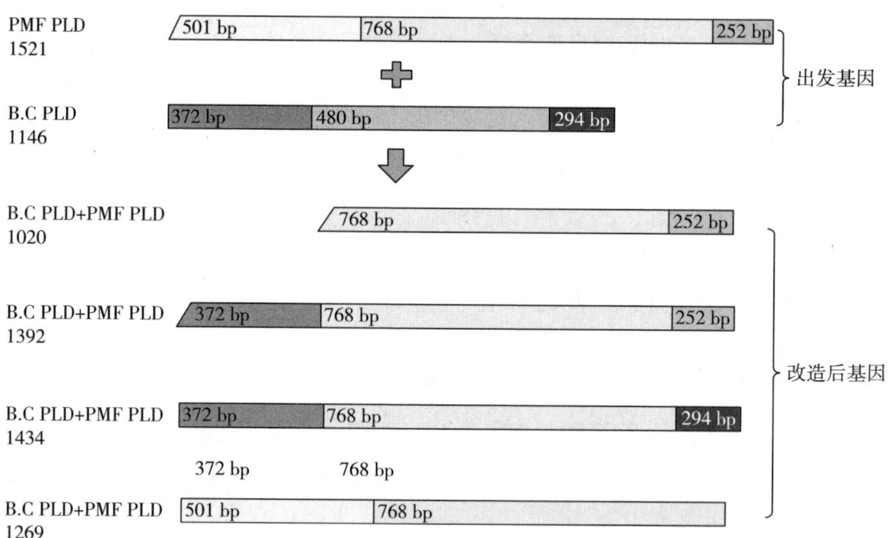

图 5-1 磷脂酶 D 融合图示

5.3 结果与讨论

5.3.1 *Bacillus cereus* ZY12 磷脂酶 D 融合基因构建及活性检测

为进一步提高 *Bacillus cereus* ZY12 磷脂酶 D 的催化活性，将其氨基酸序列与目前发现的活性最高、研究最深入的 *Streptomycete* PMF 磷脂酶 D 氨基酸序列比对分析，发现两种酶均具有相同的活性中心（即 HKD 保守序列）以及与活性中心相邻、参与催化的重要氨基酸。但除上述与活性直接相关的氨基酸外，PMF 磷脂酶 D 还具有多个能够提高催化活性的辅助氨基酸，而在 *Bacillus cereus* ZY12 磷脂酶 D 的相似位置不存在这些辅助氨基酸。因此尝试将 PMF 磷脂酶 D 中包含辅助氨基酸的活性区域替换至 *Bacillus cereus* ZY12 磷脂酶 D 中，使 *Bacillus cereus* ZY12 磷脂酶 D 催化活性提高，同时仍保持高效异源表达的优势。最终可望获得高催化活性以及在大肠杆菌中高效表达的融合磷脂酶 D 基因。

2004 年 Leiros 报道了 PMF 磷脂酶 D 的蛋白晶体，与合成活性相关的所有氨基酸位于 502～1269 bp 之间。因此在构建融合蛋白基因序列时，保留了 PMF 磷脂酶 D 的 502～1269 bp 区域，并替换 *Bacillus cereus* ZY12 磷脂酶 D 相应基因序列。根据方法 5.3.4 获得长度分别为 1020 bp、1392 bp、1434 bp、1269 bp 的 4 段融合磷脂酶 D 基因片段。

磷脂酶 D-1020 通过 PCR 扩增将前 501 个碱基截除。PCR 扩增产物克隆至表达载体 pET30b 中（图 5-2）并转化大肠杆菌后，在 16 ℃ 的条件下，0.2 mmol/L IPTG 诱导表达 12 h。SDS-PAGE 以及 Western blot 检测结果显示（图 5-6）：表达的蛋白全部为包涵体，尽管后续实验中通过各种诱导条件的优化，仍无法获得可溶性蛋白。

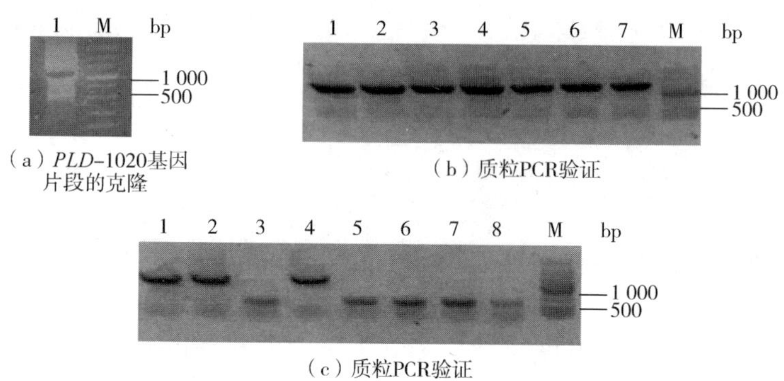

（a）*PLD*-1020基因片段的克隆
（b）质粒PCR验证
（c）质粒PCR验证

图 5-2 磷脂酶 D-1020 基因克隆及验证

（b）1～7—pGMT-*PLD*-1020 （c）1～8—pET30b-*PLD*-1020 M—DNA marker

磷脂酶 D-1392 PCR 扩增产物克隆至表达载体 pET30b 中（图 5-3）并转化大肠杆菌后，在 16 ℃的条件下，0.2 mmol/L IPTG 诱导表达 12 h。SDS-PAGE 以及 Western blot 检测结果显示（图 5-6）：磷脂酶 D-1392 可在大肠杆菌中异源表达，产生可溶性蛋白，酶液能够检测到水解活性及合成活性。

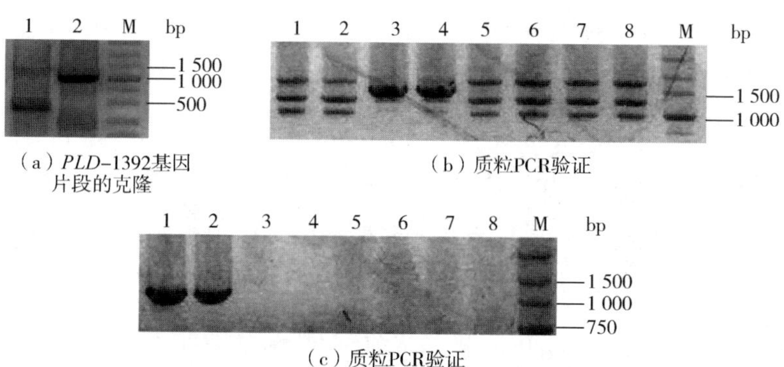

（a）*PLD*-1392基因片段的克隆
（b）质粒PCR验证
（c）质粒PCR验证

图 5-3 磷脂酶 D-1392 基因克隆及验证

（b）1～8—pGMT-*PLD*-1392 （c）1～8—pET30b-*PLD*-1392 M—DNA marker

磷脂酶 D-1434 经 PCR 扩增产物克隆至表达载体 pET30b 中（图 5-4）并转化大肠杆菌后，在 16 ℃的条件下，0.2 mmol/L IPTG 诱导表达 12 h。SDS-PAGE 以及 Western blot 检测结果显示（图 5-6）：磷脂酶 D-1434 在大肠杆菌中可异源表达，产生可溶性蛋白，酶液能够检测到水解活性但检测不到合成活性。

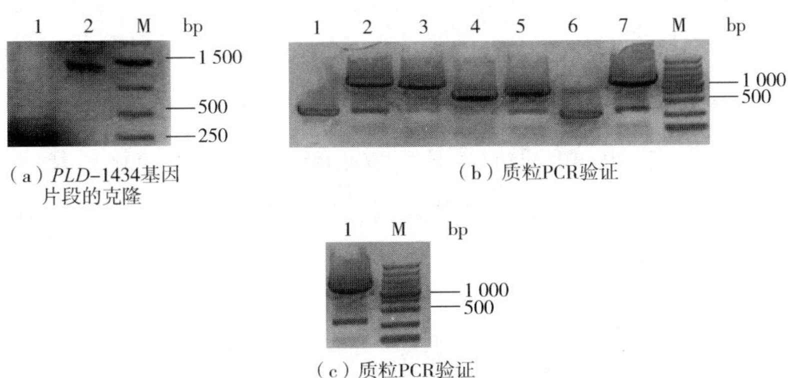

（a）*PLD*-1434基因片段的克隆

（b）质粒PCR验证

（c）质粒PCR验证

图 5-4　磷脂酶 D-1434 基因克隆及验证

（b）1～7—pGMT-*PLD*-1434　（c）1—pET30b-*PLD*-1434　M—DNA marker

磷脂酶 D-1216 将获得的 PCR 扩增产物克隆至表达载体 pET30b 中（图 5-5）并转化大肠杆菌后，在 16 ℃的条件下，0.2 mmol/L IPTG 诱导表达 12 h。SDS-PAGE 以及 Western blot 检测结果显示（图 5-6）：磷脂酶 D-1216 可在大肠杆菌中异源表达，产生可溶性蛋白，但酶液检测不到水解活性及合成活性。

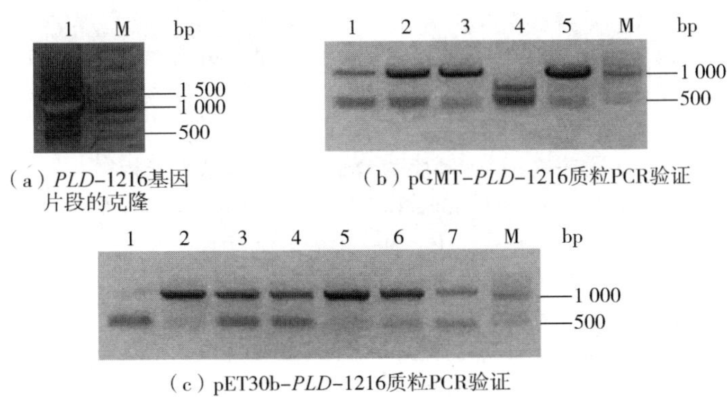

（a）*PLD*-1216基因片段的克隆

（b）pGMT-*PLD*-1216质粒PCR验证

（c）pET30b-*PLD*-1216质粒PCR验证

图 5-5　磷脂酶 D-1216 基因克隆及验证

M—DNA marker

融合后磷脂酶 D-1392 活性为 76 mU/mL，与自身分子改造后 *Bacillus cereus* ZY12 磷脂酶 D 相比，活性提高一倍。同时磷脂酶 D-1392 能够催化底物卵磷脂与 L-丝氨酸生成磷脂酰丝氨酸，如图 5-6（c）所示。其他融合磷脂酶 D 活性表现均不突出：磷脂酶 D-1020 能够在大肠杆菌中高效表达，但由于 N 端序列截除后蛋白不能形成正确的立体结构，磷脂酶 D-1020 均以无活性的包涵体形式存在。磷脂酶 D-1434 和磷脂酶 D-1216 虽能够形成正确的立体结构，但活性均低于磷脂酶 D-1392，因此在后续的研究中，以磷脂酶 D-1392 为基础，进行催化条件优化。

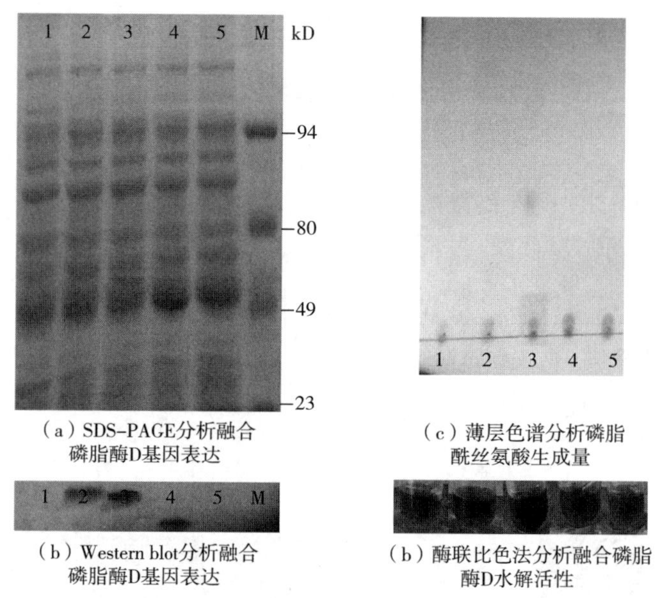

（a）SDS-PAGE分析融合磷脂酶D基因表达

（c）薄层色谱分析磷脂酰丝氨酸生成量

（b）Western blot分析融合磷脂酶D基因表达

（b）酶联比色法分析融合磷脂酶D水解活性

图 5-6　融合磷脂酶 D 表达情况及活性分析

1—*PLD*-1434-His　2—*PLD*-1392-His　3—*PLD*-1216-His　4—*PLD*-1020-His
5—空载体　M—蛋白分子量标准

5.3.2　PMF 磷脂酶 D 异源表达及活性检测

Bacillus cereus ZY12 磷脂酶 D 经过自身分子改造及基因融合后，磷脂酶 D 活性显著提高，为进一步明确融合后磷脂酶 D-1392，与微生物来源活性最高的 *Streptomycete* PMF 磷脂酶 D 的催化活性差距，将 PMF 磷脂酶 D

全长基因序列进行全基因合成后克隆至表达载体 pET30b 中，并转化大肠杆菌中异源表达。实验结果如图 5-7 所示，1 泳道为携带空质粒的大肠杆菌胞内蛋白，2 泳道为携带 PMF 磷脂酶 D 基因质粒的大肠杆菌胞内蛋白。然而 SDS-PAGE 以及 Western blot 均未检测到目的蛋白的合成。

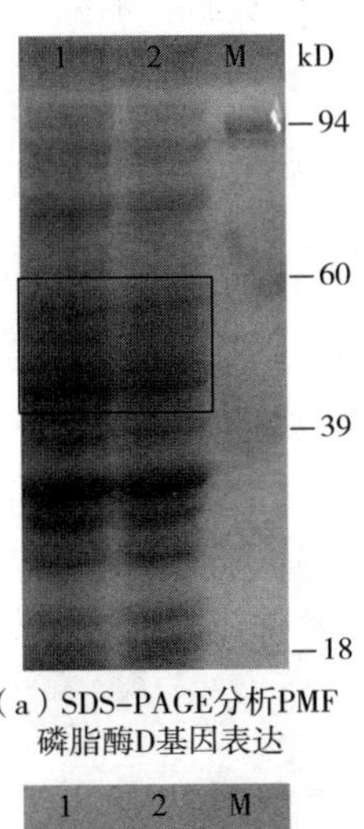

（a）SDS-PAGE分析PMF磷脂酶D基因表达

（b）Western blot分析PMF磷脂酶D基因表达

图 5-7　PMF 磷脂酶 D 在大肠杆菌中表达情况

1—PMF-*PLD*-His　2—空载体　M—蛋白分子量标准

分析序列发现，*Streptomycete* PMF 磷脂酶 D 在 N 端存在连续疏水性序列（软件预测为信号肽）。因此设计引物，通过 PCR 扩增，获得截除 N 端信号肽序列的 PMF 磷脂酶 D 基因，并克隆至 pET30b 载体中，获得质粒 pET30b-s-PMF-*PLD*（图 5-8）。

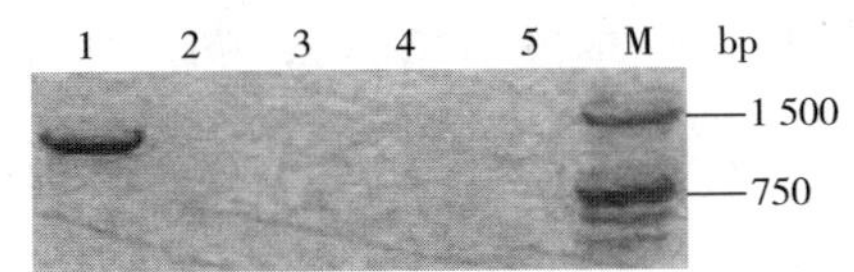

图 5-8　截短 PMF 磷脂酶 D 克隆验证结果

1～5—pET30b-s-PMF-*PLD*

截除了 N 端信号肽的 PMF 磷脂酶 D 在大肠杆菌中表达后，SDS-PAGE 以及 Western bolt 检测其表达量发现，PMF 磷脂酶 D 能够在大肠杆菌中少量表达。结果如图 5-9 所示。通过选择不同的诱导时间，检测 PMF 磷脂酶 D 的表达情况，以期通过优化诱导时间提高 PMF 磷脂酶 D 的表达量。如图 5-10 所示，不同诱导时间（2 泳道 4 h、3 泳道 8 h、4 泳道 12 h、5 泳道 16 h）的表达量显示，诱导 12 h 磷脂酶 D 的表达量最高。由于高温诱导易产生较多包涵体，因此最终确定诱导条件为 16 ℃诱导 12 h，IPTG 添加量为 0.2 mmol/L。诱导条件优化后 PMF 磷脂酶 D 表达量提高不显著，根据密码子优化原则，重新合成 PMF 磷脂酶 D 基因，但与未做密码子优化的 PMF 磷脂酶 D 基因相比，蛋白异源表达量并未明显提高。

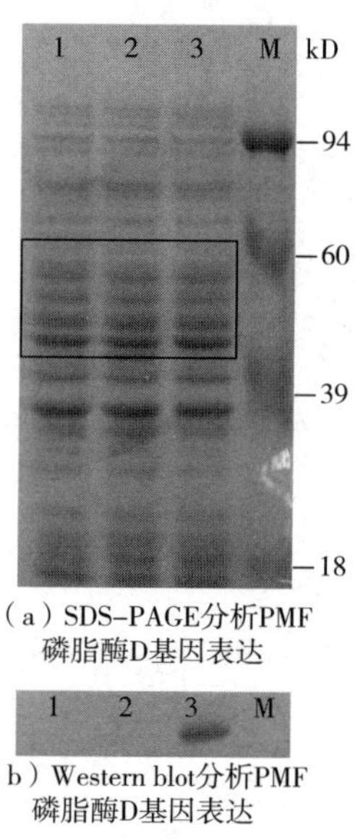

（a）SDS-PAGE分析PMF磷脂酶D基因表达

（b）Western blot分析PMF磷脂酶D基因表达

图 5-9　PMF 磷脂酶 D 在大肠杆菌中表达情况

1—空载体　2—PMF-*PLD*-His　3—PMF-S-*PLD*-His　M—蛋白分子量标准

PMF 磷脂酶 D 在大肠杆菌中异源表达后，胞内能够检测到磷脂酶 D 水解活性和合成活性。如图 5-11（a）所示，PMF 磷脂酶 D 能够合成磷脂酰丝氨酸，而空载体的胞内提取物与阴性对照水均不能合成磷脂酰丝氨酸。利用 Image J 灰度值计算，磷脂酰丝氨酸（PS）生成率接近 10 mg/L。

图 5-11（b）为水解活性图，PMF 磷脂酶 D 水解活性为 82 mU/mL。

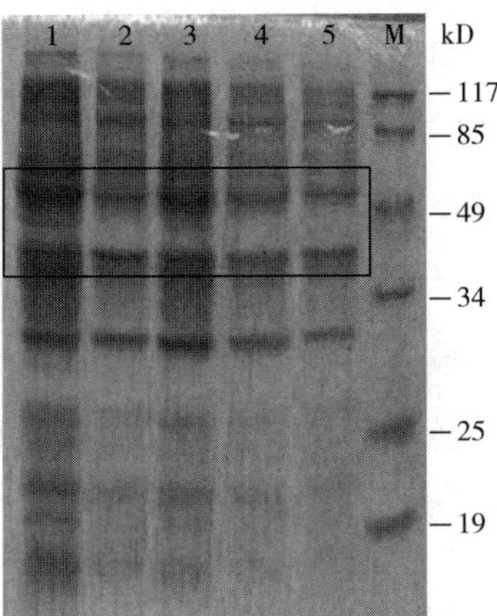

（a）SDS-PAGE分析不同诱导时间截短后PMF磷脂酶D基因表达

（b）Western blot分析不同诱导时间截短后PMF磷脂酶D基因表达

图 5-10 不同诱导时间蛋白表达量

1—空载体 2—诱导 4 h 3—诱导 8 h 4—诱导 12 h 5—诱导 16 h M—蛋白分子量标准

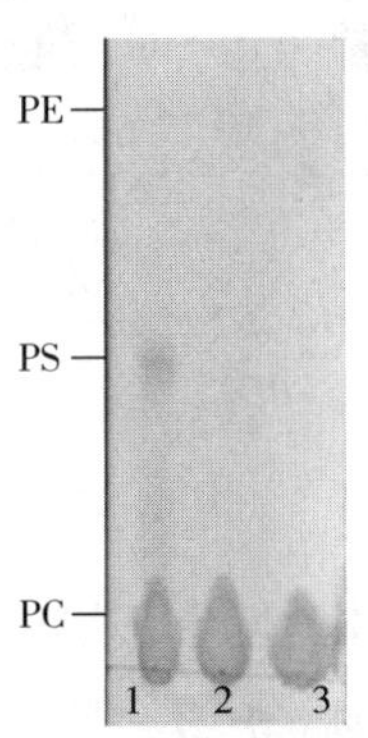

（a）薄层色谱分析磷脂酰丝氨酸生成量

（b）酶联比色法分析融合磷脂酶D水解活性

图 5-11 PMF 磷脂酶 D 水解活性及合成活性测定

1—PMF-S-*PLD*-His 2—空载体 3—水

5.3.3 磷脂酶 D-1392 合成磷脂酰丝氨酸条件优化

在两相体系中，利用磷脂酶 D-1392 和 PMF 磷脂酶 D 分别催化卵磷脂与 L-丝氨酸，生成磷脂酰丝氨酸。实验结果显示，两相体系中乙醚相经氯仿萃取后发现脂类物质基本均存在于乙醚相中，而水相中无法检测到脂类物质的存在。薄层层析的分析结果如图 5-12 所示：（a）为水相样品；（b）为乙醚相氯仿萃取后样品。其中 1 号样品为 PMF 磷脂酶 D 生物转化结束后，体系中有机相检测结果，2 号样品为磷脂酶 D-1392 生物转化结束后，体系中有机相检测结果。

（a）薄层色谱分析水相中磷脂酰丝氨酸生成量

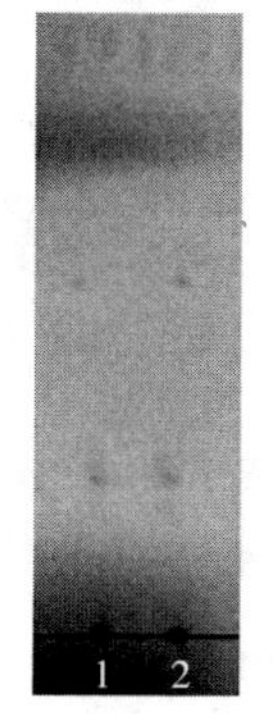

（b）薄层色谱分析有机相中磷脂酰丝氨酸生成量

图 5-12 TLC 法检测脂类位置分布

1—PMF-S-*PLD* 2—*PLD*-1392

5.3.3.1 温度对转化率的影响

温度对不同来源的磷脂酶 D 活性有不同的影响。反应温度低于酶的最适温度时，酶不能活化，处于休眠状态，导致催化效率低。当反应温度高于酶的最适温度时，酶的空间结构改变进而失去催化活性。

多数磷脂酶 D 在 25~40 ℃时，酶活较好，少数植物来源磷脂酶 D 在 55~65 ℃时活性最高，对高温有较好的耐受性。通过对磷脂酶 D-1392 在不同温度下的酶活检测发现：反应温度为 45 ℃时，磷脂酶 D-1392 转化率提高（图 5-13）。

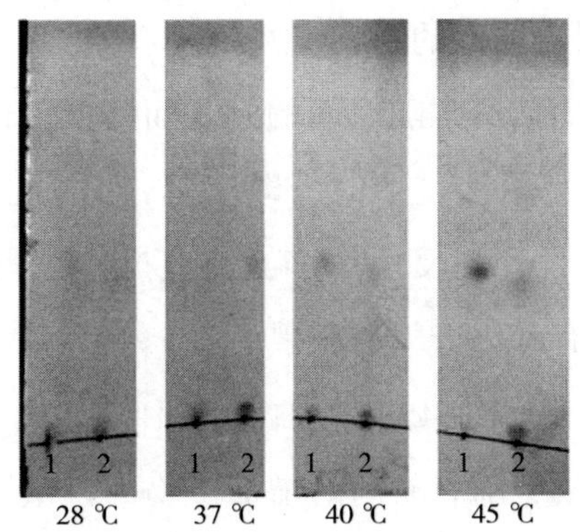

图 5-13 TLC 法检测不同温度下的转化率

1—对照物 2—*PLD*-1392

5.3.3.2 pH 对转化率的影响

植物以及微生物产生的磷脂酶 D 最适 pH 多在 4.5~6.5，而动物产生的磷脂酶 D 最适 pH 多在 6.5~8。磷脂酶 D 在酸性反应体系中，反应更容易朝向合成的方向进行，酸性环境中过量 H^+使得转酯过程更易发生，因此考察了 3 个不同 pH 对酶合成能力的影响。

由图 5-14 可知，温度在 45 ℃时，不同 pH 下磷脂酰丝氨酸的产量不同，随着 pH 的升高产物的量有所下降。磷脂酶 D-1392 在 pH 为 5 时，产物的量较高。

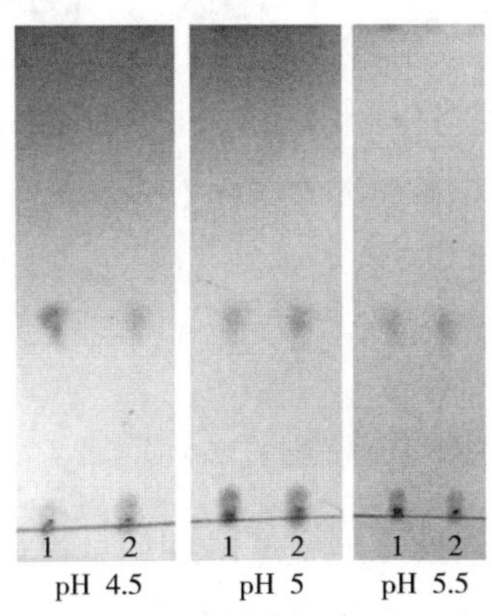

图 5-14 TLC 法检测不同 pH 条件下的转化率

1—对照物 2—*PLD*-1392

5.3.3.3 反应时间对转化率的影响

酶反应过程中，酶活通常随时间的延长而降低，但在一定时间内，产物的累积量会增加。当酶活过低时，即使延长时间也不会使产物继续积累，同时由于时间延长，副反应增多，造成产物含量降低。因此酶反应中，适当的反应时间有利于产物的积累。

由图 5-15 可知，温度在 45 ℃左右时，pH 为 5 时，不同反应时间下磷脂酰丝氨酸的产量不同，随着时间的增加产物的含量先上升后下降，时间在 3 h 左右时，产物的量达到最大 7.1 mg/L。PMF 磷脂酶 D 在最佳催化条件下，可生成磷脂酰丝氨酸 10 mg/L 左右，与磷脂酶 D-1392 相比转化活性差异不大，同时磷脂酶 D-1392 能够大肠杆菌中异源表达量更高，易于后期分离纯化，因此磷脂酶 D-1392 具有更好的应用前景。

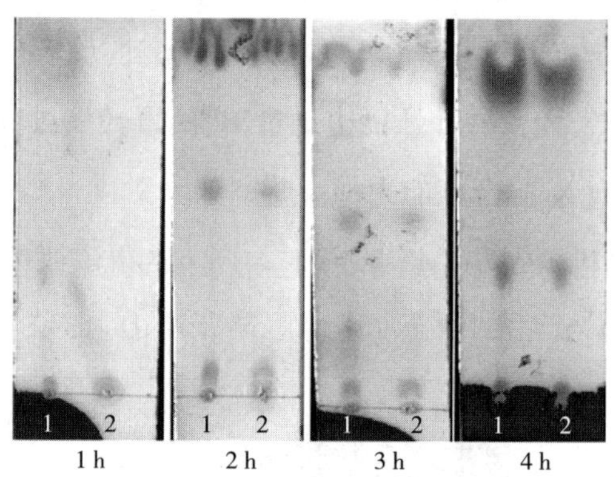

图 5-15 TLC 法检测不同反应时间的转化率

1—对照物 2—*PLD*-1392

5.4 本章小结

分析 PMF 磷脂酶 D 活性区域氨基酸序列，以此为基础对 *Bacillus reseus* ZY12 脂酶 D 进行改造，获得融合后磷脂酶 D-1392。转化反应最优条件为温度 45 ℃ 、pH 5、转化 3 h，生成磷脂酰丝氨酸 7.1 mg/L。

第 6 章　结论与展望

6.1　结论

论文以蜡状芽孢杆菌为出发菌株，结合基因工程、发酵工程等技术对 *Bacillus cereus* ZY12 磷脂酶 D 开展相关工作，得出以下主要结论：

（1）*Bacillus cereus* ZY12 在含有小分子碳源的培养基中检测不到磷脂酶 D 活性，只有添加合适的诱导物，才能诱导磷脂酶 D。研究发现，在以蛋黄为唯一碳氮源的培养基中，磷脂酶 D 活性最高，可以达到 43 mU/mL。卵磷脂为诱导磷脂酶 D 表达的主要诱导物，而其他小分子碳源（如葡萄糖，果糖以及麦芽糖）抑制磷脂酶 D 的表达。

（2）稀有密码子，反馈抑制区域对 *Bacillus cereus* ZY12 磷脂酶 D 在大肠杆菌中的异源表达影响不大，而 N 端存在的连续疏水性氨基酸，会严重影响异源蛋白的表达。N 端疏水序列截除后的 *Bacillus cereus* ZY12 磷脂酶 D 表达量明显增加，单位体积发酵液酶活提高近九倍。

（3）将 *Bacillus cereus* ZY2 磷脂酶 D 与链霉菌 PMF 磷脂酶 D 基因融合，获得融合磷脂酶 D-1392，酶活提高近两倍。

6.2　创新点

（1）发现 *Bacillus cereus* ZY12，在底物卵磷脂的诱导下，能够产生磷脂酶 D。

（2）*Bacillus cereus* ZY12 磷脂酶 D 截除 N 端连续疏水序列后，在不影响其活性的前提下，提高了磷脂酶 D 基因在大肠杆菌中的表达量。

6.3 展望

对于后续工作，可以从以下方面展开研究：

（1）PLD 反应体系的优化

①水—有机溶剂反应体系。

PLD 做为一类转移酶可催化双底物酶促反应，在 PLD 的作用下，L-丝氨酸取代卵磷脂中的胆碱位置生成磷脂酰丝氨酸。但底物 L-丝氨酸和卵磷脂物理性质却有很大差异。L-丝氨酸属于强极性的小分子，极易溶于水，不溶于有机相。而卵磷脂虽然含有一个极性头部，但是它的溶解度几乎由两条疏水长碳链决定。多数卵磷脂的脂肪酸链长度均在 18 个碳以上，导致其几乎不能在水相中溶解。因此，在进行转酯反应时，通常需要将不溶于水的卵磷脂预先溶解于有机相中（如乙醚、甲苯、乙酸乙酯、甲醇等），把 L-丝氨酸和 PLD 溶解于水相中，将两相混合后进行反应。两项体系的最大优势在于操作简单。如选用的有机相与水溶液完全不互溶，那么在反应结束后，产物磷脂酰丝氨酸存在于有机相中，只需要通过液—液分相就可以将产物与磷脂酶、胆碱及 L-丝氨酸分离。同时，通过水相中磷脂酶 D 的回收再利用，可提高磷脂酶 D 的使用频率。但在实际应用过程中，由于磷脂酶 D 在催化转酯反应的同时还具有将产物磷脂酰丝氨酸水解为磷脂酸和 L-丝氨酸的水解功能，通常将水解反应成为转酯反应的副反应。在两相体系中，酶的催化副反应即水解作用严重。副产物胆碱属于 PLD 的抑制剂，它是一种强极性小分子，不溶于有机相，生成的胆碱全部积累在水相中对 PLD 的活性影响非常大。PLD 比活力会随着反应次数的增加而直线下降。更重要的是反应体系中未反应的底物卵磷脂和副产物PA与目标产物磷脂酰丝氨酸除了极性头部不同外，其他结构都一致，导致它们的物理化学性质很相似，因此分离过程十分困难，需要消耗大量的有毒有害试剂。另外，传统双液相反应体系中使用的有机溶剂，如乙醚、氯仿、甲苯等，都属于高毒性溶剂，考虑到目标产品磷脂酰丝氨酸主要用于保健食品和辅助药品，生成过程中应该避免有毒有害溶剂的使用，提高生产安全性，消除产物中有毒溶剂的残留。

②微水相反应体系。

为解决上述问题，低毒性溶剂（如离子液体，伽马戊内酯和氯化胆碱/乙二醇低共熔溶剂）构建微水相反应体系被应用在磷脂酰丝氨酸的生物转化体系中。该体系含水量在1%以下，其优势在于副反应水解作用被有效抑制。同时使用的溶剂都为低毒性溶剂，特别是伽马戊内酯属于可食用型溶剂，既可降低生产污染，又可保障产品安全。但这类反应体系依然存在严重的工业化缺陷。首先，离子液体伽马戊内酯和氯化胆碱/乙二醇低共熔溶剂自身的制备尚未工业化，特别是伽马戊内酯，其生产成本甚至超过了目标产物磷脂酰丝氨酸，从生产成本角度，这类溶剂并不能满足工业化的需求。此外，虽然PLD的反应选择性得到了有效的提升，副反应水解作用被抑制，但是磷脂酰基转移反应的比活力却急剧下降。由于整个反应体系接近无水体系，PLD酶蛋白长时间与有机溶剂接触，受到有机溶剂的吸引，三级结构会变得十分不稳定，酶蛋白内部的疏水基团可能会出现“外翻”的现象，导致酶蛋白分子间的相互作用变强，甚至出现肉眼可见的酶聚集体。此时，酶活力下降，单次反应过程中对PLD的消耗量增加，考虑到PLD自身价格十分昂贵，这无疑增大了工业化生产成本。由于水相含量极低，但是副产物胆碱极易溶于水，水相中胆碱浓度急剧增大，导致更严重的抑制，因此PLD酶活力被进一步降低。通常使用磷脂酰基转移反应制备磷脂酰丝氨酸时，由于PLD对第二底物L-丝氨酸底物特异性较差，为了最大化反应效率，L-丝氨酸用量要求远远过量，应比卵磷脂的浓度高出 1~2 个数量级，但是在此体系中，由于水相含量低，并且 L-丝氨酸在这些溶剂中溶解度也比较低，最大底物摩尔比也不超过 10，进一步降低了磷脂酰基转移反应的效率。

③水介质反应体系。

水介质体系是指通过固定化 PLD 或通过第三方载体和表面活性剂，试图在纯水溶液中构建 PLD 催化的磷脂酰基转移反应体系。两种反应体系在生产过程中都避免使用了有毒有机溶剂，降低了生产污染。但是两种反应都存在严重的水解现象，产物纯度很低，生产结束后，仍然需要复杂的萃取分离工艺，消耗大量的有毒有害试剂，违背了绿色生产的理念。Dittrich 等报道的固定化 PLD 纯水介质反应体系是指，通过简单的超声和搅拌将底物卵磷脂分散在纯水溶液中，但是由于卵磷脂水溶性很差，因此其在水相中主要以聚集体的形式存在，整个反应体系十分浑浊。在此情况下，加入固定化 PLD 进行酶促反应，底物与酶蛋白的反应相界面很小，相互作用不充分，存在很大的传质阻力，致使酶消耗量大，副反应水解作用严重，磷脂酰丝氨酸产率极低。之后，Iwasaki 等借助第三方载体硫酸钙构建了磷脂酰基转移反应的水相悬浮体系。Iwasaki 等通过两种方法分散卵磷脂：第一种方法是将卵磷脂预先溶解在易挥发性有机溶剂中，如乙醚，甲醇等，加入适量硫酸钙颗粒后，蒸发溶剂，使卵磷脂附着在载体表面。之后，再将磷酸钙和卵磷脂的混合物分散在水中进行反应。该方法会消耗大量的有毒有机溶剂，排放大量废气。此外，研究证实，硫酸钙由于表面的极性过强，卵磷脂分子无法均匀地附着在其表面。扫描电镜研究发现，卵磷脂主要以聚集体的形式附着或包裹在载体表面，因此反应选择性差，水解作用严重。第二种方法是将底物卵磷脂和硫酸钙颗粒直接加入水中，通过简单的超声和搅拌进行分散。此时，硫酸钙的加入促进颗粒与底物，颗粒与 PLD 之间的碰撞，但是卵磷脂仍然是以聚集体的形式参与反应，不利于磷脂酰基转移反应的发生。Alexandre 采用表面活性剂，如曲拉通 100、脱氧胆酸钠和胆酸钠，与底物卵磷脂在水溶液中形成混合胶束，以此提高底物磷脂在水相中的溶解度和分散度，提高酶与底物的作用效率，增大反应相界面。实验结果表明，使用表面活性剂后，磷脂酰基转移反应纯水介质体系中 PLD 具有较高的反应活力和选择性。但是，使用表面活性剂也会为体系带来新的杂质。为了与底物磷脂形成混合胶束，所选表面活性剂的理化性质与卵磷脂分子极其相似。反应结束后，产物与表面活性剂的分离变得十分困难，费时费力，并消耗大量有机溶剂。考虑到这些表面活性剂自身带有一定毒性，脱氧胆酸钠和胆酸钠还有浓郁的臭味，因此不适合作为磷脂酰丝氨酸生产的首选工艺。

④水—固反应体系。

水—固反应体系是指将表面活性剂分子（环氧化处理后的 Triton X-100）共价结合在氨基化的硅胶表面，被固定的表面活性剂作为“锚点”分子在水溶液中实现对卵磷脂的吸附。硅胶载体的表面作为“人造界面”也是磷脂酰基转移反应的相界面。然而，Triton X-100 环氧化物的制备过程非常复杂，需要较高的反应温度，使用强碱作为催化剂，还会消耗大量的有毒溶剂。此外，该工艺虽然能够通过简单的离心分离就可以将产物磷脂和酶蛋白进行分离，但是副产物胆碱始终积累在 PLD 的水溶液中，导致游离酶溶液的再利用效率较低。针对磷脂酰基转移反应体系存在的不足，仍然需要将进一步对 PLD 的催化机理和反应体系进行深入研究。最理想的反应体系应该具备易操作、无毒、无污染、反应条件温和、产物易分离、PLD 再利用效率高等特点。

（2）PLD 反应机制的揭示

①反应动力学模拟研究方法。

虽然关于 PLD 的报道研究很多，但是对于磷脂酰基转移反应催化过程和催化机制的研究却很少。目前已知的关于 PLD 催化机制研究主要是基于乒乓机理假设的反应动力学研究。Raetz 等和 Ogino 等分别先后构建了磷脂酰基转移反应的反应动力学模型。PLD 催化的磷脂酰基转移反应属于双底物催化反应，该假设认为 PLD 会先与底物磷脂卵磷脂发生相互作用，生成五配位的 PLD-PC 复合物过渡态；随后底物卵磷脂分子释放极性头部的胆碱分子，生成四配位的 PLD-磷脂酰复合物中间态；之后第二底物亲核试剂 L-丝氨酸与 PLD-磷脂酰复合物发生作用，生成新的磷脂酰丝氨酸，得到 PLD-磷脂酰丝氨酸复合物，最后释放磷脂酰丝氨酸。该机理假设双底物与 PLD 的绑定过程为有序绑定，L-丝氨酸的绑定必须基于底物 PC 分子的绑定。该假设主观性过强，缺乏理论支持，仅以拟合模拟为判断依据。

②晶体结构学研究方法。

基于晶体结构学探究 PLD 催化机制。通过对晶体结构分析，研究者可以获得目标蛋白质及反应中间体的三级结构，从而判断反应催化机制，解析酶促反应过程。2000 年 Leiros 等首次报道了来源于 *Streptomyces* sp. PMF 的 PLD 的晶体结构；2004 年 Lerios 等再次从 *Streptomyces* sp. PMF 分离得到新的 PLD，并制备了晶体结构。但是，目前已知的含有配体的 PLD 晶体结构中的小分子配体都不是 PLD 催化的磷脂酰基转移反应的底物。如 PDB ID 为 1F0I 晶体结构是 PLD 与磷酸形成复合物。部分研究者以此作为判断反应中间物的依据。但是，该方法并未得到 PLD 与第二底物亲核试剂复合物的晶体结构，而且磷酸离子也不是真实的反应底物。真实磷脂底物具有两条超长的碳链，磷酸离子和磷脂分子具有完全不同的生理活性和理化性质。虽然晶体结构信息可以为 PLD 提供可靠的蛋白质三级结构模型，有助于理解蛋白质结构功能关系，但是仅凭此无法精准确定大分子与配体结合顺序及完整的催化反应机制。

③分子对接研究方法。

研究者报道使用分子对接技术对 PLD 的催化机制进行了初步分析，通过单分子底物对接过程，分析了配体与酶蛋白活性中心的作用关系。但是，目前已报道的分子对接研究没有系统深入的分析 PLD 与配体底物的结合顺序及副产物胆碱的抑制机制，只是简单的分析磷脂底物是否能够有效绑定在活性口袋，并从分子机制角度判断新定义或新发现的酶是否属于 PLD。该模拟过程并未分析第二底物 L-丝氨酸与 PLD 之间的相互作用关系，因此该计算结果主要用来判断 PLD 是否具有水解活力或阐述其水解作用机制，而不是磷脂酰基转移反应机制。

④量子化学研究方法。

DeYonker 等将磷酸根离子作为底物磷脂的类似物，利用量子力学计算方法对 PLD 催化的磷脂水解反应过程进行了系统研究，阐明了水解反应过程中的两个亚稳定过渡态和一个反应中间态。底物磷脂的水解需要 PC 先与 PLD 形成五配位的 PLD-PC 复合物；之后再释放胆碱生成 PLD-磷脂酰复合物，最后在水分子的作用下，生成并释放水解产物 PA。在此过程中，DeYonker 等使用 Gaussian 软件模拟酶促反应过程。但是受限于软件自身的计算瓶颈，该模拟过程无法研究整个 PLD 酶蛋白，只是选取了活性中心的部分氨基酸残基进行模拟。底物类似物磷酸根离子与真实底物磷脂分子具有较大的理化性质差距。此外，在该模拟过程中，研究者假设第二底物水分子可以随机出现在模拟空间内的任意位置，即无固定绑定和作用位点。该研究主要阐述 PLD 催化的水解反应机制，并未涉及磷脂酰基转移反应的催化机理。

⑤分子动力学模拟研究方法。

分子动力学模拟是近年来迅速兴起的大分子模拟方法，该方法可通过模拟反应体系微单元中分子的动力学行为，探究酶促反应机制。通过考察体系随模拟时间的演化行为，阐明配体的扩散轨迹，探究蛋白质结构功能关系。体系中分子或原子轨迹的计算依据是牛顿运动方程，它们的势能则是根据分子间的相互作用势能函数，分子力学力场和从头计算法计算得到。当需要考虑量子效应时，可采用波包近似处理或者路径积分表述的方式进行处理。简而言之，生物分子动力学模拟就是在生物催化反应体系的不同状态所构成的系综中，按照一定规律抽取样本，并对其进行数值解析，将得到的结果用来阐述反应体系的真实热力学量或其他宏观性质。利用分子动力学模拟，我们可以处理多达近 10 万个原子的反应微单元，探究 PLD 在真实反应体系中的催化作用机制，配体与整体 PLD 酶蛋白的作用关系，阐明非活性区域和活性中心的关系。理论上，使用分子动力学结合分子对接技术，可阐述磷脂酰基转移反应过程中的底物绑定顺序，建立更精确的反应动力学模拟。然而，目前使用分子动力学模拟探究 PLD 催化机制的研究尚未报道。

(3) 酶分子改造研究进展。

①酶分子非理性定向进化策略。

PLD 是一种高效的磷脂改性催化剂，可以选择性合成各种稀有磷脂，具有反应条件温和的优势。但是，目前已知的 PLD 磷脂酰基转移活力，反应选择性和稳定性都有待提高。随机突变是一种非理性的突变过程，研究者通过筛选庞大的突变体文库，试图获得潜在的最优突变体。目前关于 PLD 报道较多的两种随机突变策略分别为紫外诱变和易错 PCR 技术。杨兰兰等通过对磷脂酶 D 高产菌株的原生质体进行紫外诱变，PLD 能够以胞外酶的形式在一株链霉菌中高效表达，同时酶活力也提高了 1.8 倍。易错 PCR 技术是指，在 PCR 过程中通过调节突变频率，提高突变谱的多样性，将部分错误碱基按照一定频率随机插入到扩增的目的基因中，从而得到随机突变的 DNA 库，再选用合适的表达系统翻译目标蛋白。Huang 等利用易错 PCR 技术制备了热稳定性更高的 PLD 突变体。随机突变过程操作简单，但是实验过程充满随机性，想获得正突变体，不仅需要庞大的工作量，还需要运气。

②酶分子半理性定向进化策略。

由于随机突变工作量太大，缺乏目的性，研究者基于对酶分子结构和催化机理的认识，尝试利用定点突变技术对酶蛋白分子进行改造，也就是酶分子的半理性定向进化。该突变技术的重点在于研究者对酶蛋白的结构功能具有一定了解。例如，Ogino 等在明确 PLD 酶分子 GG/GS 区域的丝氨酸残基会直接影响底物的绑定，从而影响磷脂酰基转移反应的进行，因此对该区域进行了定点突变，并对突变体文库进行了筛选，得到的最优突变体的磷脂酰基转移反应活力提高了 9~27 倍。Damnjanovic 等发现野生 PLD

的 W187/Y191/Y385 残基影响第二底物肌醇的绑定，对此区域突变并筛选后，得到的突变体可以有效合成 PI。

③酶分子理性定向进化策略。

相比于随机突变，酶分子半理性定向进化可以缩小突变体文库，提高突变效率。但是，半理性定向进化技术的最大瓶颈在于它不能够预测突变体的催化性能，即无法虚拟筛选突变体。近年来，随着生物分子模拟技术的飞速发展，其已经成为酶分子改造的新方向。同源建模（Homology modelling）可以为晶体结构未知的酶蛋白及其突变体构建三级结构。分子对接（Molecular Docking）技术研究底物与酶结合的可能性，配合分子动力学（Molecular Dynamics）模拟确定结合复合物稳定性，进一步通过底物与酶结合自由能计算（Binding Free Energies Analy-sis）判断反应进行的方向和程度。Damnjanovic 等于 2013 年，利用分子动力学模拟，预测了 PLD 在不同反应温度下，碳骨架的 RMSD（root-mean-square devia-tion）值变化，即 PLD 的热稳定性，再利用定点突变制备了目标突变体。实验结果表明 PLD 突变体在 70℃下半衰期延长 11.7 小时。

利用蛋白质理性设计，可以最大程度降低定点突变的实验工作量，考虑每个突变位点都有 20 种突变情况（19 种替换突变和 1 种删除突变），利用生物分子模拟技术可以虚拟筛选突变体文库，大大提高实际突变效率。但是，目前关于虚拟突变提高 PLD 催化性能的研究几乎没有报道，导致 PLD 定点突变研究缺乏方向性。

（4）酶的固定化研究进展。

为了提高 PLD 催化的磷脂酰基转移反应的反应效率，降低生产成本，可以通过合理的固定化酶技术对 PLD 进行固定化处理，从而实现 PLD 的重复利用，提高酶的操作稳定性。然而现有固定化技术方法，虽然能够提高酶的稳定性，但同时会伴随酶活力的下降。目前报道的关于 PLD 固定化技术中，在保证酶稳定性的前提下，均降低了酶的比活力。

目前，为获得较高比活力的固定化酶通常使用的两种固定化技术分别为交联酶结晶固化酶技术（cross-linked enzyme crystallization immobilized enzyme technology，CLECs）和交联酶聚集体技术（cross-linked enzyme aggregate technology，CLEAs）。前者的制备过程极为苛刻，需要使用高纯度的酶，结晶过程对操作要求极高，因此不适用于工业化生产。CLEAs 相对是一种简单高效的固定化技术。然而该技术在实际生产过程中也存在很多问题和限制，如：制备出的固定化酶粒子大小难以调控，酶聚集体黏度低、密度轻难以回收利用，机械强度差等。理论上由于新形成的酶结晶和酶聚集体的构象能够充分利用酶分子的活性中心，使 CLECs 和 CLEAs 能够形成比活力较高的固定化酶。但事实并非如此，由于传质阻力的作用，底物穿过多个酶分子进入酶聚集中心与内部酶分子的活性中心进行作用就变得困难重重。

（5）调控机制解析：*Bacillus cereus* ZY12 磷脂酶 D 表达需要合适诱导物诱导才能产生，前期实验从磷脂酶 D 单个基因出发，在分子水平上证明了该现象的产生。但这一诱导机制目前并不清楚，相关研究较少，后续实验可以解析磷脂酶 D 基因调控机制，解析磷脂酶 D 在 *Bacillus cereus* ZY12 中的合成机理。

（6）构建自身基因工程菌：磷脂酶 D 能够水解磷脂类物质，而磷脂类物质又是细胞膜的重要组成成分，因此磷脂酶 D 的大量产生会导致细胞膜的破裂，产生细胞毒性，使异源表达量受限。但 *Bacillus cereus* ZY12 能够在高浓度磷脂酶 D 的培养基中正常生长，同时，*Bacillus cereus* ZY12 菌株中存在磷脂酶 D 反应过程中必须的辅助因素。因此利用 *Bacillus cereus* ZY12 菌株的自身优势，构建过表达载体将磷脂酶 D 基因在 *Bacillus cereus* ZY12 中过量表达，在不影响菌体生长的前提下，有望获得高活性的磷脂酶 D。由于原始菌株自身代谢过程可以产生 PS，过表达磷脂酶 D 基因后，有可能增加细胞自身磷脂酰丝氨酸合成量，同时敲除下游磷脂酰丝氨酸脱羧酶的基因，可以使菌株自身大量累积磷脂酰丝氨酸。

参考文献

[1] 王亚，李永欣．人类脑计划的研究进展［J］．中国医学物理学杂志，2016，33：109-112.

[2] Natalie EAllen，Allison K，Schwarzel. Recurrent falls in Parkinson's disease：A systematic review［J］. Parkinson's Disease，2013，906：274-290.

[3] Öksüz A. Comparison of meat yield，flesh colour，fatty acid，and mineral composition of wild and cultured Mediterranean amberjack（Seriola dumerili，Risso 1810）［J］. Journal of Fisheries Sciences，2012，2：164-175.

[4] Fernando G P. Brain foods：the effects of nutrients on brain function［J］. Nature Reviews Neuroscience，2008，9：568-578.

[5] Vakhapova V，Cohen T，Richter Y. Phosphatidylserine containing omega-3 fatty acids may improve memory abilities in non-demented elderly with memory complaints：a double-blind placebo-controlled trial［J］. Dement Geriatr Cogn Disord，2010，6（4）：S585-S585.

[6] Starks M A，Starks S L. The effects of phosphatidylserine on endocrine response to moderate intensity exercise［J］. Journal of the International Society of Sports Nutrtion，2008，5（1）：11-11.

[7] Kim H Y，Huang B X. Phosphatidylserine in the brain：Metabolism and function［J］. Progress in Lipid Research，2014，56：1-18.

[8] Birge R B，Boeltz S. Phosphatidylserine is a global immune suppressive signal in efferocytosis，infectious disease，and cancer［J］. Cell Death and Differentiation，2016，23（6）：962-978.

[9] Schmidt K，Weber N，Steiner M. A lecithin phosphatidylserine and phos-

phatidic acid complex（PAS）reduces symptoms of the premenstrual syndrome（PMS）：Results of a randomized，placebo-controlled，double-blind clinical trial［J］. Clinical Nutrition ESPEN，2018，24：22-30.

［10］Yozo N，Hiroaki S. Purification，characterization and cloning of phospholipase D from peanut seeds［J］. Protein Journal，2006，25（3）：212-223.

［11］Hatanaka T，Negishi T. Purification，characterization，cloning and sequencing of phospholipase D from *Streptomyces septatus* TH-2［J］. Enzyme and Microbial Technology. 2002，31（3）：233-241.

［12］Ogino C，Negi Y. Purification，characterization，and sequence determination of phospholipase D secreted by *Streptoverticillium cinnamoneum*［J］. Journal of Biochemistry，2008，125（2）：263-272.

［13］Yoshiko U，Tadashi H. Phospholipase D mechanism using *Streptomy*ces PLD［J］. Biochimica Et Biophysica Acta，2009，1791（9）：962-969.

［14］李斌，路福平，史文玉. 色褐链霉菌磷脂酶 D 基因的克隆与表达［J］. 化学与生物工程，2007，24（5）：48-51.

［15］杨治彪. 磷脂酶 D 制备及催化合成磷脂酰丝氨酸工艺研究［D］. 西安：西北大学，2008.

［16］Chen S，Xu L，Li Y. Bioconversion of phosphatidylserine by phospholipase D from Streptomyces racemochromogenes in a microaqueous water-immiscible organic solvent［J］. Biosci Biotechnol，2013，77（9）：1939-1941.

［17］Pinsollea A，Roy P，Buré C. Enzymatic synthesis of phosphatidylserine using bile salt mixed Micelles［J］. Colloids and Surfaces B-Biointerfaces，2013，106（3）：191-197.

［18］赵紫薇，杨天奎. 磷脂酶 D 制备及应用的研究进展［J］. 粮油加工：电子版，2010（7）：108-110.

[19] Zhu L, Xu J F, Lu H M. Expression of the n-terminus truncated phospholipase D in *Escherichia coli* and characterization of its anti-inflammatory activity [J]. Chinese Journal of Zoonoses, 2008, 24: 991-998.

[20] Rina S, Yutaka I, Tadashi H. Asymmetric in vitro synthesis of diastereomeric phosphatidylglycerols from phosphatidylcholine and glycerol by bacterial phospholipase D [J]. Lipids, 2004, 39 (10): 1013-1018.

[21] George J P, Willian N M. Conversion of phosphatidylcholine to phosphatidylglycerols with phospholipase D and glycerol [J]. Journal of the American Oil Chemists Society, 2007, 84: 645-651.

[22] Yukihiro Y, Masashi H, Hideyuki K. Preparation of phosphatidylated terpenes via phospholipase D-mediated transphosphatidylation [J]. Journal of the American Oil Chemists' Society, 2008, 85: 313-320.

[23] Iwasaki Y, Mishima N, Mizumoto K. Extracellular production of Phospholipase D of *Streptomyces antibioticus* using recombinant *Escherichia coli* [J]. Journal of Fermentation and Bioenoineering, 1995, 79 (5): 417-421.

[24] Zambonelli C, Morandi P, Vanoni M A. Cloning and expression in *Escherichia coli* of the gene encoding *Streptomyces* PMF, a phospholipase D with high transphosphatidylation activity [J]. Enzyme and Microbial Technology, 2003, 33 (5): 676-688.

[25] Carrea G, D'Arrigo P, Piergianni V. Purification and properties of two phospholipases D from *Streptomyces* sp. [J]. Biochimica Et Biophysica Acta, 1995, 1255 (3): 273-279.

[26] Hagishita T, Nishikawa M, Hatanaka T. Isolation of phospholipase D producing microorganisms with high transphosphatidylation activity [J]. Biotechnology Letters, 2000, 22 (20): 1587-1590.

[27] Jaya R S, Seung S C. Purification and biochemical properties of phospho-

lipase D（PLD57）produced by *Streptomyces* sp. CS-57［J］. Archives of Pharmacal Research，2007，30（10）：1302-1308.

［28］Kusner D J，Barton J A. Evolutionary conservation of physical and functionalinteractions between phospholipase D and actin［J］. Archives of Biochemistry and Biophysics，2003，412（2）：231-241.

［29］Bhushan A. Correlation of phospholipid structure with functional effects on the nicotinic acetylcholine receptor A modulatory role for phosphatidic acid［J］. Biophysical Journal，1993，64（3）：716-720.

［30］Mansfeld J. Secretory phospholipase A2-alpha from *Arabidopsis thaliana*：functional parameters and substrate preference［J］. Chemistry and Physics of Lipids，2007，150（2）：156-166.

［31］Watts A，Harlos K，Marsh D. Control of the structure and fluidity of phosphatidylglycerol bilayers by pH titration［J］. Biochimica Et Biophysica Acta，1978，510（1）：63-74.

［32］Tsui F C. The intrinsic pK_a values for phosphatidylserine and phosphatidylethanolamine in phosphatidylcholine host bilayers［J］. Biophys Journal，1986，49（2）：459-468.

［33］Damnjanović J，Iwasaki Y. Phospholipase D as a catalyst：application in phospholipid synthesis，molecular structure and protein engineering［J］. Journal of Bioscience and Bioengineering，2013，116（3）：271-280.

［34］赵彭花．磷脂酶 D 的共价及聚集交联固定化技术研究［D］. 西安：西北大学，2009.

［35］胡博新，顾鸽青，朱裕辉．链霉菌磷脂酶 D 的分离纯化及部分酶学性质［J］. 中国医药工业杂志，2008，39（9）：655-658.

［36］代书玲，张江，商军．磷脂酶 D 高效产生菌的筛选及鉴定［J］. 江苏农业科学，2013，41（3）：309-311.

［37］Hu F，Wang H，Duan Z Q. A novel phospholipase D constitutively secreted by *Ochrobactrum* sp. ASAG－PL1 capable of enzymatic synthesis of phosphatidylserine [J]. Biotechnol Lett, 2013, 35 (8): 1317-1321.

[38] Liu Y H, Tao Z, Jing Q. High-yield phosphatidylserine production via yeast surface display of phospholipase D from *Streptomyces chromofuscus* on *Pichia pastoris* [J]. Agricultural and Food Chemistry, 2014, 62 (23): 5354-5360.

[39] Li B, Wang J, Zhang X L. An aqueous-solid system for highly efficient and environmentally friendly transphosphatidylation catalyzed by phospholipase D to produce phosphatidylserine [J]. Journal of Agricultural and Food Chemistry. 2016, 64 (40): 1-30.

[40] Mao X Z, Liu Q Q, Xue C H. Identification of a novel phospholipase D with high transphosphatidylation activity and its application in synthesis of phosphatidylserine and DHA-phosphatidylserine [J]. Journal of Biotechnology, 2017, 249: 51-58.

[41] 胡飞. 磷脂酶 D 制备及其催化合成磷脂酰丝氨酸研究 [D]. 合肥: 合肥工业大学, 2013.

[42] 郭浩. 磷脂酶 D 高产菌株的选育及发酵条件优化 [D]. 西安: 西北大学, 2007.

[43] 石创. 磷脂酶 D 产生菌株的筛选及其转磷脂化反应特性 [D]. 成都: 四川师范大学, 2015.

[44] Choojit S, Bornscheuer U T, H-Kittikun A. Efficient phosphatidylserine synthesis by a phospholipase D from *Streptomyces* sp. SC734 isolated from soil contaminated palm oil [J]. European Journal of Lipid Science and Technology, 2016, 118 (5): 803-813.

[45] Gao Z Q, Yuan Y, Zhang C Z. *Paraburkholderia caffeinilytica* sp. nov., isolated from the soil of tea plantation [J]. International Journal of Systematic and evolutionary microbiology, 2016, 66 (10): 4185-4194.

[46] Murayama K, Kano K. Crystal structure of phospholipase A1 from *Streptomyces albidoflavus* NA297 [J]. Journal of Structural Biology, 2013, 182 (2): 192-196.

[47] Sugimori D, Kano K, Matsumoto Y. Purification, characterization, molecular cloning and extracellular production of a phospholipase A1 from *Streptomyces albidoflavus* NA297 [J]. FEBS Open Bio, 2012, 2 (1): 318-327.

[48] Jovel S R, Kumagai T, Matoba Y. Purification and characterization of the second *Streptomyces* phospholipase A_2 refolded from an inclusion body [J]. Protein Expr Purif, 2006, 50 (1): 82-88.

[49] Saito K. Substrate specificity of a highly purified phospholipase B from *Penicillium notatum* [J]. Biochim Biophys Acta, 1974, 369 (2): 245-253.

[50] Chen S C, Wright L C. Purification and characterization of secretory phospholipase B, lysophospholipase and lysophospholipase/transacylase from a virulent strain of the pathogenic fungus Cryptococcus neoformans [J]. Biochemical Journal, 2000, 347 (2): 431-439.

[51] 汤先泽. 磷脂酰肌醇特异性磷脂酶 C 基因的克隆、表达及抗鸡球虫效果的初步研究 [D]. 济南: 齐鲁工业大学, 2016.

[52] Zhao Z W, Yang T K, Mu Y. Fermentation conditions of phospholipase D production by *Streptomyces chromofuscus* [J]. China Oils and Fats, 2010, 35 (11): 52-57.

[53] 何茹. 磷脂酶 D 制备及应用的研究进展 [D]. 大连: 大连民族学院, 2012.

[54] Matsumoto Y S K, Mineta S G, Sugimori D. A novel phospholipase B from *Streptomyces* sp. NA684 - purification, characterization, gene cloning, extracellular production and prediction of the catalytic residues

[J]. The FEBS journal, 2013, 280 (16): 3780-3796.

[55] Waite M. The PLD superfamily: insights into catalysis [J]. Biochimica Et Biophysica Acta, 1999, 1439 (2): 187-197.

[56] Li C J, Zhao J S, Guan Z Q. In vivo and vitro synthesis of phosphatidylgycerol by an *Escherichia coli* cardiolipin synthase [J]. Journal of Biological Chemistry, 2016, 291 (48): jbc. M116. 762070.

[57] Tan B K, Bogdanov K, Guan Z Q. Discovery of a cardiolipin synthase utilizing phosphatidylethanolamine and phosphatidylglycerol as substrates [J]. Proceedings of the National Academy of Sciences of the United States of America, 2012, 109 (41): 16504-16509.

[58] Ponting C P, Kerr I D. A novel family of phospholipase D homologues that includes phospholipid synthases and putative endonucleases: identification of duplicated repeats and potential active site residues [J]. Protein Sci, 1996, 5 (5): 914-922.

[59] Trujillo V J, Elmerahbi R, Nieswandt B. Phospholipases D_1 and D_2 Suppress Appetite and Protect against Overweight [J]. Plos One, 2016, 11 (6): e0157607.

[60] Magotti P, Bauer I, Igarashi M. Structure of human N-acylphosphatidylethanolamine- hydrolyzing phospholipase D: regulation of fatty acid ethanolamide biosynthesis by bile acids [J]. Structure, 2015, 23 (3): 598-604.

[61] Ghim J, Moon J S, Lee C S. Endothelial deletion of phospholipase D_2 reduces hypoxic response and pathological angiogenesis [J]. Arteriosclerosis, Thrombosis, and Vascular Biology, 2014, 34 (8): 1697-703.

[62] Sabatini D M. mTOR and cancer: insights into a complex relationship [J]. Nature Reviews Cancer, 2006, 6 (9): 729-734.

[63] Chen Q, Hongu T, Sato T. Key roles for the lipid signaling enzyme phos-

pholipase d1 in the tumor microenvironment during tumor angiogenesis and metastasis [J]. Science Signaling, 2012, 5 (249): ra79.

[64] Zheng Y, Rodrik V, Toschi A. Phospholipase D couples survival and migration signals in stress response of human cancer cells [J]. Journal of Biological Chemistry, 2006, 281 (23): 15862-15868.

[65] Dall'Armi C, Hurtado-Lorenzo A, Tian H. The phospholipase D_1 pathway modulates macroautophagy [J]. Nature Communications, 2010, 1 (9): 142-148.

[66] Teng S, Stegner D, Chen Q, et al. Phospholipase D_1 facilitates second-phase myoblast fusion and skeletal muscle regeneration [J]. Molecular Biology of the Cell, 2015, 26 (3): 506-517.

[67] Peng X, Frohman M A. Mammalian phospholipase D physiological and pathological roles [J]. Acta Physiologica, 2012, 204 (2): 219-226.

[68] 杜栋良. 黄瓜磷脂酶 Dα 基因的克隆及其正反义表达载体的构建 [D]. 济南：山东农业大学，2008.

[69] Kirat K E, Vincent D. Blistering of supported lipid membranes induced by Phospholipase D, as observed by real-time atomic force microscopy [J]. Biochim Biophys Acta, 2008, 1778 (1): 276-282.

[70] Jang J H, Lee C S. Understanding of the roles of phospholipase D and phosphatidic acid through their binding partners [J]. Progressin Lipid Research, 2012, 51 (2): 71-81.

[71] Lanteri M L, Laxalt A M, Lamattina L. Nitric oxide triggers phosphatidic acid accumulation via phospholipase D during auxin-induced adventitious rootformation in cucumber [J]. Plant Physiology, 2008, 147 (1): 188-198.

[72] Liu C M, Huang D, Yang T L. Monitoring phosphatidic acid formation in intact phosphatidylcholine bilayer upon phospholipase D catalysis [J].

Analytical Chemistry, 2014, 86 (3): 1753-1762.

[73] Tamura Y, Harad Y, Shiota T. Tam41 is a cdp-diacylglycerol synthase required for cardiolipin biosynthesis in mitochondria [J]. Cell Metabolism, 2013, 17 (5): 709-718.

[74] Fakas S. Lipid biosynthesis in yeasts: A comparison of the lipid biosynthetic pathway between the model nonoleaginous yeast *Saccharomyces cerevisiae*, and the model oleaginous yeast *Yarrowia lipolytica* [J]. Engineering in Life Sciences, 2016, 3 (3): 453-461.

[75] Tong C, Liu L, Daniel L E W. Association mapping and marker development of genes for starch lysophospholipid synthesis rice [J]. Rice Science, 2016, 23 (6): 287-296.

[76] Rowlett V W, Mallampalli V K, Vitrac H D. The impact of membrane phospholipid alterations in *Escherichia coli* on cellular function and bacterial stress adaptation [J]. Journal of Bacteriology, 2017, 199 (13): JB. 00849-16.

[77] Salzberg L I, Helmann J D. Phenotypic and transcriptomic characterization of *Bacillus subtilis* mutants with grossly altered membrane composition [J]. Journal of Bacteriology, 2008, 190 (23): 7797-7807.

[78] Tarfarosh S F A, Tromboo U, Bhat F. Search for a perfect Nootropic supplement combination-Can we increase human intelligence by nutritional supplements [J]. Journal of Pharmacognosy and Phytochemistry, 2017, 6 (5): 1020-1024.

[79] Muraki M, Damnjanović J, Nakano H. Salt-induced increase in the yield of enzymatically synthesized phosphatidylinositol and the underlying mechanism [J]. Journal of Bioscience and Bioengineering, 2016, 122 (3): 276-282.

[80] Esnault C, Leiber D, Toffano-Nioche C. Another example of enzymatic

promiscuity: the polyphosphate kinase of Streptomyces lividans is endowed with phospholipase D activity [J]. Appl Microbiol Biotechnol, 2016, 101 (1): 139-145.

[81] Alexandra L, Marek O, Bezakova L. Phospholipase D and its application in biocatalysis [J]. Biotechnology Letter, 2005, 27: 48-52.

[82] Damnjanović J, Kuroiwa C, Iwasaki Y. Directing positional specificity in enzymatic synthesis of bioactive 1-phosphatidylinositol by protein engineering of a phospholipase D [J]. Biotechnology and Bioengineering, 2015, 113 (1): 62-71.

[83] Gottlin E B, Rudolph A E, Zhao Y. Catalytic mechanism of the phospholipase D superfamily proceeds via a covalent phosphohistidine intermediate [J]. Proceedings of the National Academy of Sciences of the United States of America, 1998, 95 (16): 9202-9207.

[84] Iwasaki Y, Horiike S, Yamane T. Location of the catalytic nucleophile of phospholipase D of *Streptomyces antibioticus* in the C-terminal half domain [J]. European Journal of Biochemistry, 1999, 264 (2): 577-581.

[85] Leiros I, Mcsweeney S, Houge E. The reaction mechanism of phospholipase D from *Streptomyces* sp. strain PMF. Snapshots along the reaction pathway reveal a pentacoordinate reaction intermediate and an unexpected final product [J]. Journal of Molecular Biology, 2004, 339 (4): 805-820.

[86] 万嗣宝. 葡萄果实中磷脂酶D基因的克隆及其在温度锻炼中的作用 [D]. 北京: 中国农业大学, 2007.

[87] Yang H Y. Phosphohydrolase and transphosphatidylation reactions of two *Stretomyces* phospholipase D enzymes: Covalent versus noncovalent catalysis [J]. Protein Science, 2003, 12 (9): 2087-2098.

[88] Arrigo P D, Cerioli L, Mele A. Improvement in the enzymatic synthesis of

phosphatidylserine employing ionic liquids [J]. Journal of Molecular Catalysis B, 2012, 84: 132-135.

[89] Valivety R H, Johnson G A, Suckling C J. Solvent effects on biocatalysis in organic systems: equilibrium position and rates of lipase catalyzed esterification [J]. Biotechnology and Bioengineering, 1991, 38 (10): 1137-1143.

[90] Shimbo K, Yano H, Miyamoto Y. Two *streptomyces* strains that produce phospholipase D with high transphosphatidylation activity [J]. Journal of the Agricultural Chemical Society of Japan, 1989, 53 (11): 3083-3085.

[91] Zhou W B, Gong J S, Xu H Y. Mining of a phospholipase D and its application in enzymatic preparation of phosphatidylserine [J]. Bioengineered, 2017, 10: 1-10.

[92] Arranz M P, Casado V, Reglero G. Novel glyceryl ethers phospholipids produced by solid to solid transphosphatidylation in the presence of a food grade phospholipase D [J]. European Journal of Lipid Science and Technology, 2017: 119-127.

[93] Iwasaki Y, Mizumoto Y, Okada T. An aqueous suspension system for phospholipase D-mediated synthesis of PS without toxic organic solvent [J]. Journal of the American Oil Chemists Society, 2003, 80 (7): 653-657.

[94] 于刚，徐伟，栾东磊. 亚临界 R134a 流体中酶法制备富含多不饱和脂肪酸的磷脂酰丝氨酸 [J]. 高技术通讯，2008，18（10）：1075-1080.

[95] 韩丽，毕阳. 应用荧光高效液相测定麦芽根中磷脂酶 D 的活性 [J]. 天然产物研究与开发，2009，21（2）：343-345.

[96] 王道营，徐为民，杨明敏. 板鸭肌间磷脂的高效液相色谱分析 [J]. 南京农业大学学报，2006，29（1）：108-111.

[97] Uhm T B, Li T, Bao J. Analysis of phospholipase D gene from *Streptover-*

ticillium reticulum, and the effect of biochemical properties of substrates on phospholipase D activity [J]. Enzyme and Microbial Technology, 2005, 37 (6): 641-647.

[98] Lesnefsky J, Stoll M. Separation and quantitation of phospholipids and lysophospholipids by high-performance liquid Chromatography [J]. Anal Biochem, 2000, 285 (2): 246-254.

[99] Paol D, Chaikoff L. A new phospholide-splitting enzymespecific for the ester linkage between the nitrogenous base andthe phosphoric acid grouping [J]. The Journal of Biological Chemistry, 1947, 169 (3): 699-705.

[100] 赵璐，何婷，丁文欢，等．考马斯亮兰法（Bradford 法）测定驼乳中蛋白质的含量 [J]. 应用化工，2016，45（12）：2366-2368.

[101] Kim O S, Cho Y J, Lee K. Introducing EzTaxon-e: a prokaryotic 16S rRNA gene sequence database with phylotypes that represent uncultured species [J]. International Journal of Systematic and Evolutionary Microbiology, 2012, 62: 716-721.

[102] Setlow B, Korza G, Blatt K M S, et al. Mechanism of *Bacillus subtilis* spore inactivation by and resistance to supercritical CO_2 plus peracetic acid [J]. Journal of Applied Microbiology, 2016, 120 (1): 57-69.

[103] 王庆玲，金永国，卢士玲．不同禽蛋蛋黄甘油三酯的脂质组学比较研究 [J]. 现代食品科技，2017（2）：210-216.

[104] Lu Y H, Fang C, Ma Y H. High-level expression of improved thermo-stable alkaline xylanase variant in *Pichia pastoris* through codon optimization, multiple gene insertion and high-density fermentation [J]. Scientific Reports, 2016, 6: 37869-37878.

[105] Price W N, Handelman S K, Luff J D. Large-scale experimental studies show unexpected amino acid effects on protein expression and solubility in vivo in *E. coli* [J]. Microbial Informatics and Experimentation, 2011,

1: 6-20.

[106] Tilegenova C, Vemulapally S, Cuello L G. An imporved method for the cost-effective expression and purification of large quantities of KcsA [J]. Protein Expression and Purification, 2016, 127: 53-60.

[107] Xiao L, Liu C, Chen Y H. The direct repeat sequence upstream of *Bacillus chitinase* genes is cis-acting elements that negatively regulate heterologous expression in *E. coli* [J]. Enzyme and Microbial Technology, 2012, 50: 280-286.

[108] Brierley I, Jenner A J, Inglis S C. Mutational analysis of the RNA pseudoknot component of a coronavirus ribosomal frameshifting signal [J]. Journal of Molecular Biology, 1992, 227: 463-479.

[109] Gietz R D. Yeast transformation by the LiAc/SS carrier DNA/PEG method [J]. Methods Mol Biol, 2006, 313: 107-120.

[110] Nakazawa Y, Suzuki R, Takano K. Identification of actinomycetes producing phospholipase D with high transphosphatidylation activity [J]. Current Microbiology, 2010, 60 (5): 365-372.

[111] Leiros I, Mcsweeney S, Hough E. The Reaction Mechanism of Phospholipase D from *Streptomyces* sp. Strain PMF. Snapshots along the Reaction Pathway Reveal a Pentacoordinate Reaction Intermediate and an Unexpected Final Product [J]. Journal of Molecular Biology, 2004, 339 (4): 812-820.

附 录

附录 A 筛选菌株系统发育树

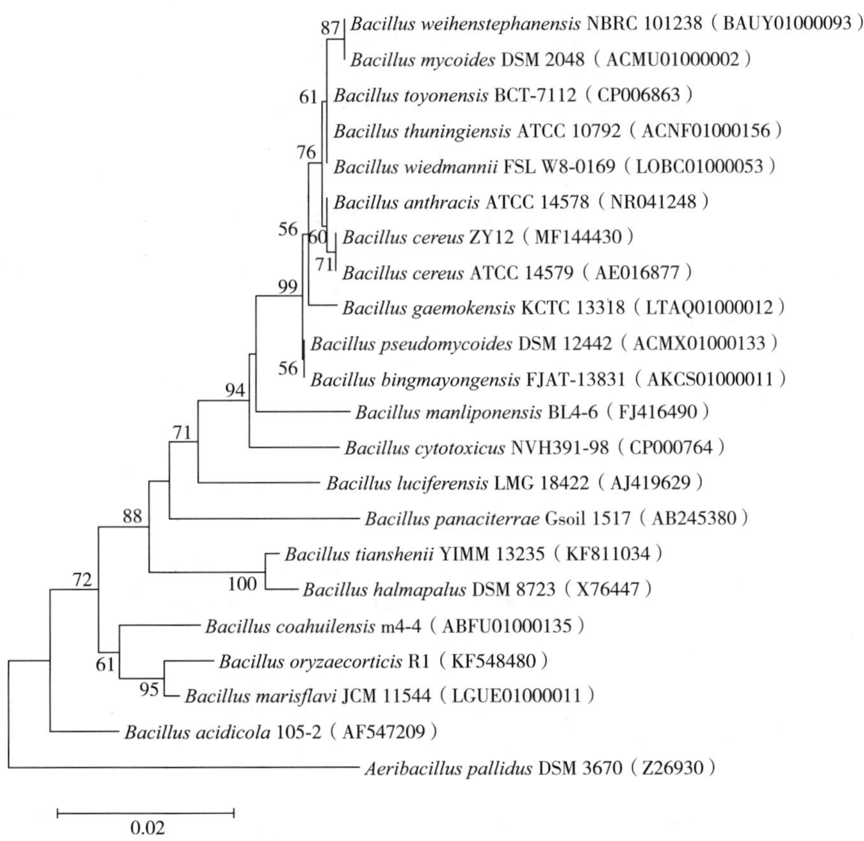

附录 B　质粒提取方法

质粒提取溶液 1：精密天平称取无水葡萄糖 1.8016 g（浓度 50 mmol/L），Tris-base 0.606 g（浓度为 25 mmol/L），EDTA 0.744 g（浓度为 10 mmol/L），超纯水溶解，HCl 和 NaOH 调节 pH 8.0 后，加超纯水定容至 200 mL，121 ℃高温高压蒸汽灭菌 20 min 后冷却至常温备用。

质粒提取溶液 2：精密天平称取氢氧化钠颗粒 1.6 g（浓度为 0.2 mol/L），十二烷基硫酸钠（SDS）粉末 4 g（浓度为 2%），加超纯水溶解定容至 200 mL，121 ℃高温高压蒸汽灭菌 20 min 后冷却至常温备用。

质粒提取溶液 3：用精密天平称取乙酸钾颗粒 58.884 g（浓度为 3 mol/L），加入 10 mL 超纯水，加乙酸至 pH 4.8，用超纯水定容至 200 mL 后，121 ℃高温高压蒸汽灭菌 20 min 后冷却至常温备用。

将 200 μL 验证正确的含有克隆质粒的大肠杆菌接种于 50 mL LB 培养基中（含氨苄青霉素），200 r/min，37 ℃培养 12~16 h。

（1）收集菌体（6000 r/min，5 min，4 ℃），弃去上清液，留下菌体沉淀。

（2）向沉淀中加入 3 mL 溶液 1，可用枪上下吹打或用混匀仪使菌体充分悬浮。

（3）加入 3 mL 溶液 2，轻柔地上下颠倒（一定要轻，切不可使用混匀仪），在室温静置 5 min。

（4）加入 3 mL 冰箱冷藏的溶液 3，轻柔地上下颠倒，切不可使用混匀仪，在冰上放置 15~20 min。

（5）10000 r/min、4 ℃离心 30 min。

（6）用 3 层纸抽过滤（取最薄的一层盖在离心管上，倒液时轻轻地防止将纸巾弄破）。

（7）滤液按 1∶0.7 的比例加入异丙醇，轻轻摇荡，10000 r/min，4 ℃离心 30 min。

（8）弃去上清液，尽可能倒空（可用移液枪吸干）。

（9）用 75%的乙醇洗两次，可用枪吹打（1 mL 乙醇，转移到 2 mL 离心管中）。

（10）13000 r/min，4 ℃（或室温）离心 5 min。

（11）弃去上清液，真空干燥，除去乙醇，呈干粉状即可。

（12）加入 500 μL 超纯水，加入 2.5 μL RNA 酶（10 g/mL），37 ℃，1 h。

（13）加入等体积 Tris-饱和酚，手摇振荡 3~5 min，13000 r/min，离心 10 min，除去水溶性蛋白质。

（14）从离心机中轻轻拿出离心管，用 200 μL 的枪吸上清液，转移到 2 mL 的 EP 管中。

（15）加入等体积氯仿（约 500 μL），手摇 3~5 min，除去酚和极性蛋白。

（16）重复步骤，吸取上清液，要保证纯度。

（17）加入 1/10 体积的 NaAc（pH 4.8），两倍体积无水乙醇，摇匀，13000 r/min，4 ℃，离心 5 min，弃上清液。

（18）沉淀加入 1 mL 75%的乙醇，手摇或用枪混匀，13000 r/min，4 ℃，离心 5 min，弃去上清液，重复本步骤一次。

（19）弃去上清液，真空干燥，呈干粉状，加入 100 μL 超纯水，标记 -80 ℃保存。

（20）将提取的质粒送至华大基因进行测序，确定获得序列的准确性。

Tris-饱和酚：取 100 mL 苯酚水浴融化，加入等体积的 1 mol/L Tris-HCl（pH 8.0），使用磁力搅拌器搅拌 1 h，静置分层后，使有机相的 pH 大于 7.8，可多搅拌几次，将苯酚保存在 4 ℃条件，并置于棕色玻璃瓶中。

pH 5.2 醋酸钠溶液（NaAc）：50 mL 溶液需要 12.3 g 醋酸钠，用醋酸调制 pH 为 5.2，用超纯水定容至 50 mL。

10×EB Buffer（10 mg/mL）：使用精密天平称取 0.5 g EB（溴化乙锭）粉末，50 mL 超纯水溶解，常温黑暗避光保存。

TAE Buffer（50×）：使用精密天平称取 242 g Tris Base，用量筒称取 57.1 mL 冰醋酸，并取 0.5 mol/L EDTA 母液 50 mL，用超纯水定容到 1 L，混匀后常温放置备用。

RNase（10 mg/mL）：用精密天平称取 100 mg RNase 干粉，用超纯水溶解后定容至 10 mL，用 0.22 μm 过滤膜过滤，−20 ℃保藏备用。

Tris · HCl（1.0 mol/L）：Tris（MW121.14）30.29 g，加入蒸馏水至 200 mL 溶解后，用浓盐酸调 pH 至所需点，最后用蒸馏水定容至 250 mL 高温灭菌后室温下保存。

PMSF（10 mmol/L）：PMSF 0.174 g，异丙醇定容至 100 mL，溶解后分装于 1.5 mL 离心管中，−20 ℃保存。

40% Acr/Bic（37.5∶1）：丙烯酰胺（Acr）37.5 g，甲叉双丙烯酰胺（Bic）1 g，定容至 100 mL 超纯水中。37 ℃下溶解后，4 ℃保存。使用时恢复至室温且无沉淀。

20% 吐温-20：吐温-20 20 mL，定容至 100 mL 超纯水中。混匀后 4 ℃保存。

单去污剂裂解液（50 mmol/L Tris · HCl pH 8.0，150 mmol/L NaCl，1% Triton X-100，100 μg/mL PMSF）：1 mol/L Tris · HCl（pH 8.0）2.5 mL，NaCl 0.438 g，TritonX-100 0.5 mL，定容至 50 mL 超纯水中。混匀后，4 ℃保存。使用时，加入 PMSF 至终浓度为 100 μg/mL（0.87 mL 裂解液加入 1.74 mg/mL PMSF 50 μL）。

0.01 mol/L PBS（pH 7.2~7.4）：0.2 mol/L NaH_2PO_4 19 mL，0.2 mol/L Na_2HPO_4 81 mL，NaCl 17 g，定容至 2000 mL 超纯水中。

附录 C *Bacillus cereus* ZY12 磷脂酶 D 与 N 端连续疏水序列截除后磷脂酶 D 蛋白结构模拟结果

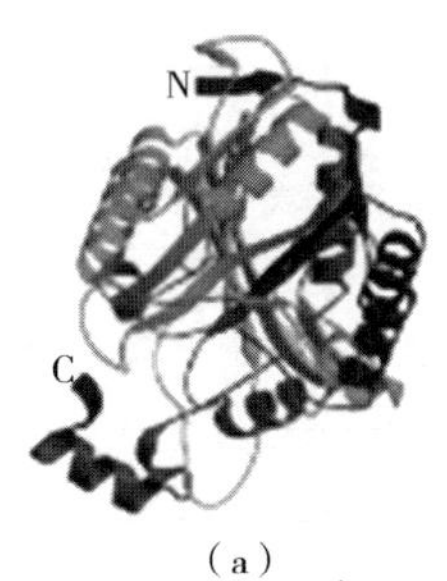

（a）

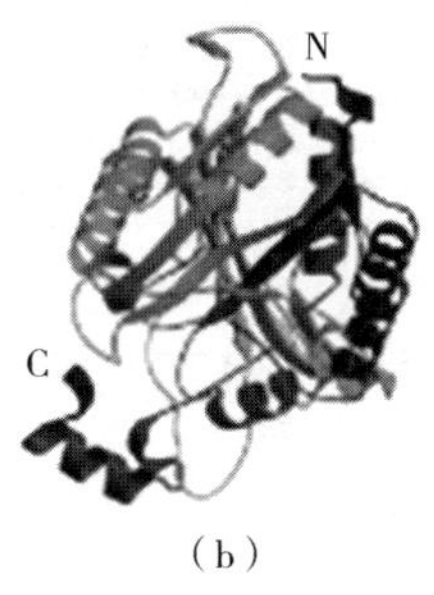

（b）

附录 D　缩写词表

英文缩写	中文名称
PC	卵磷脂
PS	磷脂酰丝氨酸
PA	磷脂酸
CDP-DAG	CDP-二酰甘油
PG	磷脂酰甘油
PE	磷脂酰乙醇胺
DPG	双磷脂酰甘油
PI	磷脂酰肌醇
PLD	磷脂酶 D
PSS	磷脂酰丝氨酸合成酶
PSD	磷脂酰丝氨酸脱羧酶